KB158590

WRITER'S LETTER
—

블라디보스톡 여행이 하나의 유행처럼 된 때가 올 줄 꿈에도 몰랐다. 2016년 어느 날, '블라디보스톡 여행하기 괜찮냐' 지인들의 연이은 전화에 의아했던 기억이 생생하다. 내가 살던 그때는 놀러 오라 해도 손사래 치던, 여행의 이유를 찾기 힘든 도시였기 때문이다. 하지만 취재로 오랜만에 다시 찾은 블라디보스톡은 '생존의 공간'이던 옛날과 전혀 다른 모습이었다. 예전에 그냥 지나친 장소가 매력적인 '여행의 감흥'을 주는 공간으로 다가왔다. 지금은 온갖 손님 맞이로 한층 생동감이 넘치고, 갈 때마다 새로운 변화가 감지될 정도로 무섭게 성장 중이다. 이에 <Tripful 블라디보스톡>을 사랑해 주신 독자들을 위해 호기롭게 책 완전 개정을 자처했다. 어떤 이들에겐 이곳이 하루 이틀 찍고 가는 여행지가 될지도 모른다. 하지만 그런 여행은 아름다운 풍경을 배경으로 사진 몇 번 찍다 보면 금세 싫증날 것이다. 알맹이가 빠져 그렇다. 블라디보스톡에는

알고 보면 우리에게 익숙한 스토리가 잠들어 있고, 때묻지 않은 자연이 준비되어 있다. 짧은 일정이 부족할 정도로 다양한 얼굴을 만날 수 있는 선물 같은 도시인 거다. 또 작은 리듬에 몸을 맡기며 장미꽃 하나에 행복해하는 현지인 모습에 '러시아 사람은 무섭다'는 편견마저 깨질 것이다. '내가 알던 러시아가 아니네?'라는 느낌을 받았다면 내 소기의 목적은 달성한 것이리라. 물론 이 도시가 러시아의 전부는 아니다. 지금 블라디보스톡을 비롯한 러시아 여행이 단순 붐에 그치지 않고, 한국인들이 러시아의 진가를 제대로 알아볼 수 있는 기회가 됐으면 좋겠다.
이 책이 언제든 꺼내 보며 미소 지을 수 있는 블라디보스톡 여행 추억의 한 페이지로 남길 바라며. Счастливого пути(행복한 여행길 되세요)!

서진영

CONTENTS

Issue

No.15

—

2019

VLADIVOSTOK
블라디보스톡

—

루스키섬 · 샤마라 · 우수리스크 · 하바롭스크

WRITER
작가 서진영

일기와 편지쓰기로 단련된 소소한 필력으로 러시아 콘텐츠를 만들고 그 매력을 알린다. 신의 직장 내려놓을 만큼 매력적인 러시아 이야기를 할 때면 눈이 빛나고 내성적인 모습은 온데간데없다. 세계를 누비는 화려한 여행작가보단 나긋나긋 러시아를 알리는 소박한 인도자가 어울리는 사람. 제2의 고향 블라디보스톡의 새로운 매력을 탐구하고 전하는 소명에 푹 빠져 있다.

Tripful = Trip + Full of

트립풀은 '여행'을 의미하는 트립TRIP이란 단어에 '~이 가득한'이란 뜻의 접미사 풀-FUL을 붙여 만든 합성어입니다. 낯선 여행지를 새롭게 알아가고 더 가까이 다가갈 수 있도록 도와주는 여행책입니다.

※ 책에 나오는 지명, 인명은 외래어 표기법을 따르되 노어의 발음과 차이가 있을 경우 발음에 가깝게 표기했습니다.

※ 잘못 만들어진 책은 구입한 곳에서 교환해드립니다.

16

94

LIFESTYLE & SHOPPING

PLACES TO STAY

ATTRACTIVE SUBURBS

122

[SPECIAL TRIP] KHABAROVSK

PLAN YOUR TRIP

MAP

WHERE YOU'RE GOING

걷고 또 걷다 보면 작지만 새로운 것들이 보이는 도시, 블라디보스톡. 동상과 유럽식 건물을 배경 삼아
거닐고 바닷가를 산책하다 보면 그곳만의 매력에 빠지게 된다.

아르바트 거리와 스포츠 해안로

분수와 벤치, 옛날 건물과 젊은이들
멋이 공존하는 아르바트 거리는 블라디
보스톡의 명불허전 명소이다. 트렌디한
카페에서 한숨 돌리고 바다를 향해 걷다
보면 현지인 에너지와 흥이 넘치는
스포츠 해안로가 펼쳐진다. 가볍게
걸으며 가만히 바다를 바라보는
것만으로도 큰 힐링이 되는 곳.

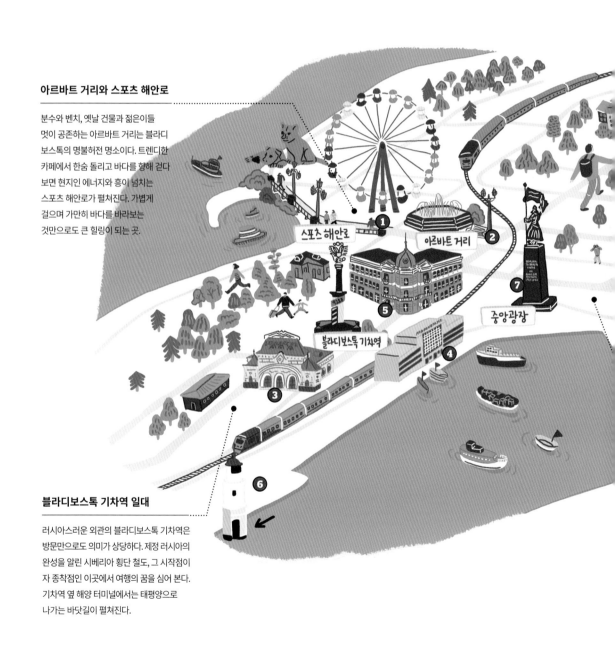

블라디보스톡 기차역 일대

러시아스러운 외관의 블라디보스톡 기차역은
방문만으로도 의미가 상당하다. 제정 러시아의
완성을 알린 시베리아 횡단 철도, 그 시작점이
자 종착점인 이곳에서 여행의 꿈을 심어 본다.
기차역 옆 해양 터미널에서는 태평양으로
나가는 바닷길이 펼쳐진다.

빠끄롭스키 공원 일대

도심의 번잡함에 지쳤다면 고즈넉한 공원
산책은 어떨까. 괜스레 경건한 마음이
드는 러시아 정교회 사원에서는 현지인들의
소박한 소망까지 엿볼 수 있을 것이다.

독수리 전망대 일대

러시아에 둘밖에 없다는 언덕 전차 '푸니쿨라'를
타고 독수리 전망대에 올라 보자. 눈앞에
펼쳐지는 거대한 금각교와 도시의 기막힌
파노라마는 답답한 마음을 뻥 뚫어 줄 것만 같다.

Spot Information

1. 스포츠 해안로
2. 블라디보스톡 아르바트 거리
3. 블라디보스톡 기차역
4. 블라디보스톡 해양 터미널
5. 아르세니예프 연해주 박물관
6. 토카렙스키 등대
7. 중앙광장
8. 빠끄롭스키 사원
9. 블라디보스톡 굼
10. 니콜라이 개선문
11. 잠수함 박물관
12. 금각교
13. 마린스키 극장 연해주 무대
14. 독수리 전망대
15. 푸니쿨라
16. 황태자 해안로

중앙광장과 스베틀란카야 거리 일대

사진 찍기 좋은 명소들이 모여 있다. 동상과 널찍한 광장, 각종 유럽식
건물, 바다 배경의 잠수함과 군함까지! 도시의 역사를 이야기해 주는
장소이다.

PREVIEW:
ABOUT
VLADIVOSTOK

극동 러시아의 중심, 우리의 호기심을 자극하다!
'블라디보스톡 가 봤어?' 마치 안부를 묻듯 그곳이 궁금해진 여행자들이 몇 년 새 급증했다.
물리적으로 가까워도 심적으론 낯설 법한데, 유행처럼 발걸음이 끊이지 않는 이유는
무엇일까? 도시만의 깊이, 아시아적인 모습, 그리고 바다가 주는 감흥 덕분이다.
지나친 기대는 금물, 일단 가 보시라!

Настоящий Владивосток

느리게 걸으며 온기를 남기다

'시내가 이게 다야?' 블라디보스톡에 처음
가 보는 사람이면 누구나 실망감을 감추지
못한다. 인구 60만 도시가 크면 얼마나
크겠는가? 규모와 속도를 중시하면 아쉬운
여행지일지 모르겠지만, 유럽 분위기와 바다
배경으로 느리게 거닐기에는 적격인 장소이다.
도심의 오르막과 내리막을 천천히 걷고 또 걷다
보면, 같은 장소에 돌아왔는데도 전혀 다르게
느껴지는 마법에 걸리기도 한다. 작은 도시라서
발길이 닿는 곳마다 나의 온기를 온전히 남길 수
있어 기억에도 하나하나 잘 남는다. 돌아오면 더
생각나는 그곳, 블라디보스톡을 여행하는 것은
러시아의 매력 맛보기에 불과하다. 그저 지나친
기대만 고이 접어서 집에 남겨 두고 오시라!

기대와 편견 없이
담백한 블라디보스톡

블라디보스톡 여행자는 보통 두 마음을 품는다.
'유럽 도시'라는 기대, 그리고 한편으로는 '작아서 볼 게 없다'는
편견이다. 겉보기에는 그럴지도 모른다. 하지만 도시를 바로
알고 보면 기대는 만족으로, 편견은 이해로 바뀌어 있을 것이다.
바로 블라디보스톡의 담백함이 주는 힘이다.

> ❝
> 러시아 사람의 '무서운 첫인상'은 우리의
> 편견이다. 낯선 사람 앞에서는 좀처럼 미소를
> 안 보이는 러시아 사람들도 사실 정이 참
> 많고, 은근한 '츤데레'이다.
> ❞

투박하지만 따뜻한 사람들

러시아 사람의 '무서운 첫인상'은 우리의
편견이다. 낯선 사람 앞에서는 좀처럼 미소를
안 보이는 러시아 사람들도 사실 정이 참 많다.
작은 성의와 관심만으로도 철판 얼굴은 금방
녹아내리고 이내 수다쟁이로 변한다. 무거운
짐을 대신 들어 주거나 높은 곳 오르내릴 때
손을 잡아 주며 당연한 듯 기꺼이 돕고 쿨하게
사라지는 '츤데레'가 그들의 본모습이다. 그저
표현 방법이 투박할 뿐, 무서운 사람들이 아니다.
빵 없이는 살아도 꽃 없이는 못 살고, 길가 흐르는
음악에도 흥을 즐길 줄 아는 매력덩어리!
물론 생각보다 영어가 안 통해 답답할 수 있지만
그들의 따뜻한 마음은 느껴질 것이다. 우리도
어디서든 그들에게 고맙다고 '스빠시버'로
화답하는 센스를 놓치지 말자.

걸음마다 스토리텔링

태생이 관광 도시가 아니라 군사기지로 시작한
곳이다. 외국인의 방문이 많아진 것도 불과 몇
년 전부터다. 도시의 사연을 알고 나면 모든
것이 새로워진다. 외관으로는 여느 유럽 마을의
모습이지만, 사실은 러시아의 동방 정복에 대한
의지와 우리 독립운동가들의 조국을 향한 끓는
피가 스민 곳이다. 평범한 건물과 작은 골목 사이,
간간히 마주하게 되는 대포가 들려주는 이야기는
너무나 아련하고, 우리의 역사도 잠들어 있어
더욱 특별하다. 도심 속 걸음마다 펼쳐지는
작은 스토리텔링은 여행을 더욱 의미 있게 하는
포인트. 다 쓰러져 가는 허름한 건물에 살면서
'나는 19세기 역사 속에서 산다'며 자부심 넘치는
현지인의 이야기마저 참 멋스럽다.

Остров Русский 루스키섬

가공되지 않은 천혜의 자연

블라디보스톡에는 유럽 도시의 모습만 있는 게
아니다. '가공되지 않은' 자연도 있다. 러시아
다른 지역에서 만나 보기 어려운 산과 바다, 섬을
이 도시는 모두 갖추고 있다. 특히 천혜의 자연을
자랑하는 루스키섬은 군사 요새였던 곳이라
원래 출입조차 자유롭지 못했다. 하지만 지금은
해변이 있는 극동연방대학교 캠퍼스와 러시아
최대 연해주 수족관이 있고, 자연이 선사하는
경이로운 절경들은 많은 이들의 최고 트레킹
코스가 되고 있다. 이정표 하나 제대로 있지
않아 동물적 감각에 의존해 찾아가는 절벽과
바다는 가공되지 않은 순수함과 신선함 덕분에
더욱 빛을 발한다. 앞으로도 개발되지 않고 지금
이대로 계속 남아 있어 주길 바라는 마음이 절로
드는 자연이다.

Гуляем по Европейскому городу с Азиатским духом

유럽 속 아시아를 산책하다

지리적으로 동북아시아와 인접한 블라디보스톡,
초행길에도 낯설지 않은 이유는 그곳에 은근히
스며든 아시아의 향기 때문일 것이다. 거리를
산책하다 보면 화려한 건축물과 푸른 눈을 가진
사람들에게서는 유럽 분위기가 느껴진다. 유럽
속 아시아가 녹아 있는 도시, 이곳의 매력이다.

한국 사람들이 블라디보스톡에 끌리는 이유는
충분하다. 우리가 동경하는 유럽의 분위기를
한껏 품고 있으면서도 그 속에는 한국의
이야기와 아시아적 면모가 깃들어 있기 때문이다.
"

유럽 기분을 내다

'두 시간이면 유럽' 블라디보스톡. 여행객들은 거리도 멀고 돈도 많이 드는 유럽 대신 '유럽 기분 내러' 이곳을 대안 여행지로 주저 없이 선택하고 있다. 엄밀히 말하면 러시아는 유라시아 국가라 그만의 독특함을 가지고 있는데, 여러 도시 중에서도 특히 블라디보스톡은 두 시간 비행만으로, 한국에서 가장 가깝게 유럽 양식의 건물을 만나 볼 수 있는 곳이다. 비록 서유럽처럼 가는 곳마다 볼거리가 펼쳐지거나 천 년의 역사를 간직하고 있는 건 아니지만, 소박한 유럽 풍경 속에서 우리에게 친숙하고도 이색적인 스폿들이 눈길을 사로잡는 색다른 매력이 있다.

샹 Пян-се 뻬안세 | 하 Пельмени 뻬리메니

동서양 먹거리의 조화

한국 사람들에게 블라디보스톡에 왜 가냐고 물으면 대부분은 '먹으러 간다'고 한다. 사실 이곳의 외식 문화 역사는 짧다. 하지만 여행객이 늘어나고 여러 차례 국제 행사를 치르면서 유럽과 아시아 음식의 조화는 날로 깊어졌다. 우리가 즐겨 먹는 각종 해산물, 스테이크, 면과 밥 요리, 막 유럽에서 도착한 듯한 달콤한 디저트까지 메뉴의 스펙트럼은 무척 넓다. 식문화에 대한 친밀감은 길거리 음식에서도 발견된다. 사할린 출신 한인들이 만들어 먹던 왕만두 뻬얀세(пян-се)가 블라디보스톡 국민 간식으로 사랑받고 있다는 사실! 과연 이곳 음식 문화의 경계는 어디까지인가?

정서적 거리는 아시아

블라디보스톡은 중국, 일본, 북한, 한국 등 아시아 국가들로 둘러싸여 있다. 덕분에 이곳 현지인은 서부지역 러시아 사람들보다 아시아를 우호적으로 생각한다. 한국 소식을 잘 알고, 방문 경험이 있는 현지인들도 꽤 많으며 한국에 대한 호감이 높은 편. 특히 2014년 한러 무비자 협정 체결 이후 교류는 급속히 증가했다. 한국과 밀접한 관계는 이미 1900년 극동대학교에 해외 최초로 한국학과가 개설된 사실만 봐도 알 수 있다. 현재도 남아 있는 한국학과는 인기 학과란다. 그들에겐 아시아가 너무 익숙하다. 단지 우리가 만들어 낸 심리적 거리만 멀 뿐이다.

Кампус ДВФУ 극동연방대학교 캠퍼스

01. 작고 소박한 유럽

유럽의 외관을 가진 작은 도시지만, 그래도 갖출 건 다 갖추고 있다.
'블라디보스톡'이라서 빚어낼 수 있는 특별한 유럽의 스폿들은 도시를
더욱 매력적이게 한다.

스베틀란스카야 거리
Светланская улица

스베틀란스카야 거리는 블라디보스톡 도시가
설립된 당시 주축이 된 주요 도로이다. 시내를
동서로 가로질러 길게 뻗은 이 길을 쭉 따라
걸으면 유럽 느낌이 물씬 나는 건물이 즐비하다.
베르살 호텔, 아르세니예프 박물관, 우체국, 굼
등 19세기 유럽식 건물과 역사적인 기념비가
이어지고, 더 걷다 보면 거대한 금각교와 푸릇한
공원이 한껏 그 멋을 더해 준다.

푸니쿨라 Фуниклёр

도시를 한층 이색적으로 만들어주는 언덕 전차,
푸니쿨라. 러시아에는 소치와 블라디보스톡
두 곳에서만 만나 볼 수 있는 귀한 교통수단이다.
놀랍게도 '소비에트의 샌프란시스코'라는 꿈을 담아
만든 이 푸니쿨라는 소련 시절 1962년 5월 운행을
시작했다. 금각만을 향하고 있는 언덕을 위아래로 전차가
동시에 교차해 움직이는데, 운행 시간은 2분 정도지만
느낌이 꽤 새롭다.

블라디보스톡 기차역
ЖД вокзал Владивосток

블라디보스톡에서 빠지면 섭섭한 랜드마크.
멋스러운 갓을 쓴 기차역은 시베리아 횡단 철도
종착역인 모스크바 야로슬라블(Ярославль)
역사를 그대로 가져온 것 같다. 1891년
니콜라이 2세가 당시 황태자 신분으로
블라디보스톡 기차역의 첫 돌을 올리는
기공식에 참석했다. 17세기 러시아 양식의
화려한 역은 1893년 정식 오픈하고, 이어
블라디보스톡~우수리스크 노선을 개통했다.

02. 숨은 아시아 찾기

블라디보스톡은 보이는 아시아와 숨은 아시아를 품고 있다. 두 눈 크게 뜨고
관심 있게 찾아보면 도시 곳곳에 잠들어 있는 옛날이야기를 발견할 수 있다.

호랑이 동상 Памятник тиграм
우수리스크 호랑이, 아무르 호랑이를 들어본 적 있는가?
다 이쪽 지역 출신이다. 블라디보스톡 시내엔 '호랑이 거리
(ул. Тигровая)'가 있다. 그만큼 아시아에서나 영험하다고
여기는 이 동물과 도시는 인연이 매우 깊다. 시내에서 호랑이
동상이나 벽화가 심심치 않게 보이는 건 어쩌면 당연하다.
도시의 문장에도 호랑이가 있고, 매년 9월 '호랑이의 날'을
기념할 정도니 말이다.

국경 거리 Пограничная улица
블라디보스톡 시내에 옛 한국인의 터가
있다. 지금은 기념비만 남아 있지만,
스포츠 해안로와 아르바트 사이 언덕진
거리 '빠그라니치나야(Пограничная)'를
눈여겨보자. 해석하면 '국경 거리'인 이 거리의
옛 이름은 '한국 거리(1864~1941)'였다. 원래
지금의 디나모 경기장 자리가 한인 마을
'개척리'가 있던 장소인데, 1911년 콜레라
근절을 빌미로 러시아 정부에 의해 강제
철거당했고, '신한촌'으로 근거지를 옮겼다.

밀리온카 Миллионка
'밀리온카'는 19세기 말부터 20세기 중반까지
블라디보스톡에 소재했던 '차이나타운'을
지칭한다. 아르바트 근방에서 골목 안쪽으로
들어가면 중국인이 살았던 오랜 건물이 많다.
대부분 20세기 초 모습이 그대로 보존되어
있어 좀 묘하다. 밀리온카와 관련된 옛날
이야기는 환상과 비밀이 가득하다.
골목골목에서 갑자기 사라질 듯한 통로와
신비한 문들을 만날 것만 같다.

PREVIEW

Море и Искусство

바다가 선사하는 예술

블라디보스톡이 자꾸 생각나는 이유는 도심에서 여유롭게 거닐
수 있는 '바다' 때문일 거다. 동네 산책하듯 만난 해변가, 붉게
물든 석양에서 인생의 아름다움을 발견하고, 삶이 예술로 변하는
마법과 마주한다. 바다가 선사하는 멋진 작품은 이곳을 찾는
누구에게나 깊은 감흥이 될 것이다.

> 블라디보스톡 사람들에게 '바다'란 인생의
> 아름다운 배경이자, 매일 만나 행복해지는
> 친구 같은 존재이다. 그렇게 바다는 삶에
> 스미어 예술로 새롭게 탄생한다.

거리의 예술가들

블라디보스톡은 가는 곳마다 예술이다. 가던
발걸음도 멈추게 만드는 아사들의 김미토운
버스킹, 색색의 물감으로 하얀 도화지 아름답게
채워가는 개성 만점 길거리 화가들! 현지의
예술가들은 지금 서 있는 곳이 어디든 그곳이
바로 자신의 무대가 되고 캔버스가 된다.

Спортивная Набережная 스포츠 해안로

블라디보스톡에서 바다란?

세계에서 영토가 가장 큰 러시아. 아무리 넓은 땅이라도 바다를 끼고 있는 도시는 생각보다 많지 않다. 블라디보스톡은 비록 지리적으로는 극동에 있지만 도시 내 해변이 있고 신선한 해산물도 풍족한, 그야말로 '축복받은' 장소. 바다가 귀한 나라라서 현지인들 대부분은 블라디보스톡에서 태어나고 자란 것 자체를 행운으로 여기곤 한다. 어린 시절 바다와 함께했던 좋은 기억, 바다처럼 넓고 깊은 마음까지! 바다가 주는 선물은 사람마다 다르지만, 어느 것 하나 의미 없는 게 없다. 블라디보스톡 사람들에게 바다는 인생의 아름다운 배경이자 매일 만날 수 있는 행복한 친구이다.

예술이 되는 바다

바다는 그 존재만으로도 커다란 작품이다. 일렁이는 파도와 발그레한 석양은 예술적인 영감을 주고 작품의 소재가 된다. 그냥 해변에 앉아서 종이와 펜만 들어도 작품 하나가 탄생하게 되는 곳이 바로 블라디보스톡이다. 작은 붓 터치로 바다는 캔버스 위에 예술로 승화되고, 작은 액세서리와 각종 소품 속에 아름답게 새겨진다. 그렇게 이 도시의 바다를 경험한 사람이면 누구나 고개를 끄덕이며 공감할 수 있는 매력 만점의 작품들은 자연스레 소장 욕구를 자극한다. 다양한 예술가들이 공간에 구애받지 않고 기량을 뽐내는 모습만 봐도 역시 문화예술의 나라구나 싶다.

01. Special Interview

시원스러운 바다와 등대가 마치 추억 속 한 페이지 같다. 한 번 보면 눈을 뗄 수 없는 그림, 이곳에 평생 살며 자기만의 붓 터치로 도시와 자연을 표현해내는 머리 희끗하신 유명 화백의 작품이다.

Новая Галерея 노바야 갤러리(p.062)

> "
> 삶에서 중요한 건,
> 사무실이나 연구실에 있지 않습니다.
> 눈 내리는 앞뜰, 살랑살랑 부는 바람,
> 색깔 옷 입은 잎사귀에 있는 것이지요.
> 그렇게 우리는 '영원의 감각'을
> 가지고 살아야 하고요.
> "

PROFILE

Sergey M. Cherkasov

Ⓝ 세르게이 체르카소프   Ⓙ 러시아 공훈 화가

일상의 아름다움, 빛과 소리, 여성의 아리따운 미소 같은 것에서 말이죠. 발견은 지리적인 차이에만 있는 건 아닙니다. 찾기 힘든 '마음의 변화'에서 오는 것이지요. 저는 1990년대 어느 날, 우물을 찾으러 가다가 제가 밟은 풀의 미묘한 소리에서 '지금 이곳에 영원이 있고, 작은 걸음마다 내 영혼이 편안하다'는 생의 가장 위대한 발견을 했어요.

작품 활동 시 특별히 좋았던 장소가 있다면?
저는 오랜 세월을 살며 신의 은총으로 이탈리아, 중국, 일본뿐만 아니라, 국내의 볼가 지역, 솔로베츠키섬, 프스코프, 스몰렌스크, 상트페테르부르크 등 예술적 영감을 주는 고유한 장소들을 방문할 수 있었어요. 그래도 역시 저에겐 블라디보스톡이 최고의 장소입니다. 물론 한국도 여러 번 다녀왔습니다. 서울에서 개인전도 가졌고, 부산에서는 도시 관련 작품 시리즈 전시도 있었고요. 한국 바다는 그곳만의 또 다른 멋이 있지요!

안녕하세요. 자기소개 부탁드립니다.
안녕하세요. 블라디보스톡 근처 도시 아르쫌 출신의 화가 세르게이 체르카소프입니다. 저는 다섯 살 때부터 그림에 관심이 많았고, 지금도 그림을 그리고 있습니다.

그림에서 바다와 특별한 인연이 느껴지네요.
어렸을 때부터 이곳에 살아서 바다 도시의 작품이 대부분입니다. 바다의 모든 것이 제 꿈이고, 이야기가 된답니다. 제가 생각하는 바다는 영원이고, 아름다움이자 행복입니다. 그런 것들을 작품에 담아 표현하고 있습니다.

누구보다 바다와 블라디보스톡에 대한 애정이 남다르실 것 같습니다.
일생을 바다에서 지냈으니 이런 행운도 없죠. 어릴 때부터 블라디보스톡은 제 그림의 주인공이었어요. 바다로 뻗은 골목, 금각만 옆 각종 축하 행사가 있는 이곳은 제 유년의 꿈입니다. 함대가 정박할 때마다 시끌벅적 환영 인파도 수없이 봤지요. 알레우츠카야,

스베틀란스카야 거리 트램 소리도 기억하고요. 당시 분위기, 소리, 향기를 생명력 있게 그림에 담아냈지요. 하지만 시간이 흘러 이제 저는 백발이 되었고 도시는 젊고 현대적으로 변했죠. 시간은 모든 걸 변화시키더랍니다.

본인 그림만의 채색 기법이나 원칙 같은 것이 있으신지요?
저는 원래 수채화를 주로 그렸습니다. 특히 하늘 채색이 가장 어려워요. 얼핏 보면 쉬울 것 같지만, 하늘은 붓 터치 한 번만으로 끝나기 때문에 매우 심혈을 기울여야 하거든요. 저는 제가 그린 하늘에 '선율'이 없으면 그림을 아예 처음부터 다시 그립니다. 그림에 '선율'이 담기면 그걸로 됩니다. 미술에서 힘을 아끼면 문제가 생기죠. 그래서 예술가는 매사에 엄격할 수밖에 없습니다.

블라디보스톡에서 발견한 자기만의 삶의 철학이 있으시다고요.
저는 여러 나라를 다녀봤지만, 이 도시에 돌아오면 구석구석에서 경이로움을 발견합니다.

02. Special Interview

예쁜 등대 그림부터 디테일이 느껴지는 물고기 그림까지! 이곳에 가면 바다 도시 블라디보스톡에 대한 꽤 인상적인 아이템들과 마주한다. 바다와 예술이 이루어낸 선물, 받을 준비가 되었는가?

Сундук Showroom 순둑 쇼룸(p.100)

안녕하세요. 자기소개 부탁드릴게요.

안녕하세요. 나딸리야입니다. 2010년 '순둑(Сундук)'을 오픈했고, 이어 블라디보스톡 선물 브랜드 '모레'를 런칭했습니다. 순둑은 상자를 뜻하는데, 그 속에 보물이 가득할 것 같죠?

사장님이 생각하는 블라디보스톡의 바다는 어떤 곳인가요?

바다는 블라디보스톡의 심장입니다. 저도 이곳의 여느 사람들처럼 매일 바다에서 영감을 얻어가지요. 그래서 많은 이들이 몇 번이고 블라디보스톡을 다시 찾아오는 것이 아닐까요. 바다는 우리를 평온하고 행복하게 만들고, 지금 이곳의 순간에 가치를 부여하는 매력이 있다고 생각합니다.

순둑은 어떻게 시작되었나요?

순둑 매장은 일종의 예술 프로젝트로서 블라디보스톡 디자이너들의 작품 판매 공간으로 시작했습니다. 시간이 지나고 그 모습은 점차 바뀌게 되었죠. 지금은 신기하고 특이한 선물, 직접 만든 블라디보스톡 기념품을 만날 수 있어요. 특히 세계 각국에서 가져온 아이템들은 딱 하나씩만 있어서, 다른 가게에서 절대 찾아볼 수 없습니다.

순둑 매장의 콘셉트는 무엇인가요? 아이템이 꽤 독창적이던데요.

세계의 디자인 아이템을 한정 판매하고 있어요. 물론 러시아 작품도 많고요. 가장 큰 자랑거리는 블라디보스톡 테마의 자체 상품과 기념품입니다! 저희는 현지 예술가의 프린팅을 고르고, 디자인을 직접 만들기도 해요. 우리가 콘셉트를 설명해 주면 작가가 그걸 듣고 디자인을 스케치해 주는 식이죠. 특히 바다를 주제로 한 독특한 상품과 재미난 프린팅을 만들어요. 킹크랩이나 가자미, 호랑이처럼 연해주 서식 동물을 소재로 하기도 하는데, 그만한 아이디어의 보고도 없죠.

젊은 소비층이 많던데, 주로 어떤 것들을 찾나요?

러시아 분들은 주로 심플한 디자인이나 등대, 갈매기, 호랑이처럼 실물이 그려진 상품을 좋아해요. 뻬얀세나 밀키스, 물범처럼 블라디보스톡 비공식 상징물이 들어간 것도요. 한국 분들은 창조적인 프린팅이나 고양이, 게, 여우 등 아기자기한 캐릭터를 선호합니다. 저희 상품이 젊은 층의 사랑을 받는 이유도 현대적이면서 도시 느낌을 잘 표현해내고, 또 무엇보다 가격이 비싸지 않아서인 것 같아요!

매장 앞 아르바트 연결 통로는 단연 포토존이죠. 이 벽화도 순둑에서 하신다고요?

네, 매년 아르바트 아치 통로에 벽화를 그립니다. 저희의 예술 활동이기도 합니다. 현지 화가와 함께 벽화를 디자인하고 그림으로 구현해내죠. 이 벽화 작업은 소비자들의 발걸음을 이끄는 원동력이자 흐트러진 도시 외관까지 예쁘게 만들어 주는 장치이기도 합니다. 아름다운 장소에 있으면 사람이 의식적으로라도 좋은 행동만 하게 되잖아요. 저희는 아름다움이 극대화되길 바랄 뿐입니다! 똑같은 그림은 금방 싫증 날 수 있어 벽화도 매년 바꾸고 있어요.

순둑만의 가치, 무엇일까요?

저희는 하나의 디자인에 머무르지 않고 모험을 합니다. 늘 새로운 것을 만들어내고 소비자와 함께 즐기려 하죠. 일례로 정기적으로 바뀌는 저희 매장의 대문은 많은 분들이 포토존으로 애용하고 있습니다. 매달 인스타그램에서 좋은 사진 이벤트를 진행하기도 하고요!

사장님의 꿈, 희망이 있다면?

세상이 필요로 하는, 유익한 사람이고 싶어요. 물론 자기 관심사도 놓쳐서는 안 되겠지요. 무엇보다 저도 예술가이기 때문에, 삶이 저를 어느 곳에 데려다 놓더라도 늘 예술에 전념할 수 있는 환경을 만나게 되었으면 하는 마음이 가장 큽니다.

PROFILE

Natalia V. Shishlova

Ⓝ 나딸리야 쉬실로바　Ⓙ 순둑 사장

SPOTS TO GO TO:
AREA

두 시간 만에 만나는 가장 가까운 유럽, 러시아 블라디보스톡! 투박하지만 소박한 유럽 느낌
숙에 바다를 거니는 특권은 이곳에서만 누릴 수 있으리라. 블라디보스톡 옛 거리를 떠올리며
걸음걸음마다 생생한 보배를 만나 보자!

Chapter. 1

Vladivostok Arbat & Sports Embankment

바다가 있는 유럽의 멋

아르바트 거리 & 스포츠 해안로 거닐기

블라디보스톡에 오면 누구나 한 번 이상 지나는 멋스러운 아르바트 거리, 그리고 그 길 끝에 펼쳐지는
해안로! 먼저는 입이 즐겁고, 다음으로 눈이 호강하는 명소다. 발이 이끄는 대로 거닐며 맛집 탐방과
쇼핑, 옛 멋 스민 거리와 골목골목, 노을빛 물든 바다로 하루를 힘껏 충전해 보자.

Владивостокский Арбат 블라디보스톡 아르바트 거리

해산물 먹방

블라디보스톡에 해산물 먹으러 왔다 할 정도로 빠질 수 없는 이곳의 공식 일정. 신선한 킹크랩과 곰새우, 가리비와 생선 요리는 반드시 먹어 봐야 후회가 없다. 특히 스포츠 해안로 해산물 마켓이나 수조가 있는 레스토랑에 들어가 킹크랩 다리 한 번 잡아 봐야 그 이유를 알게 될 것이다.

① 아르바트 거리의 분수
② 우흐 뜨이, 블린!
③ 추다데이
④ 파이브 오 클락
⑤ 수쁘라
⑥ 해산물 마켓
⑦ 제이튠
⑧ 호랑이 동상
⑨ 발코니 산책로
⑩ 페달 보트
⑪ 선셋 아쉬람
⑫ 밀리온카

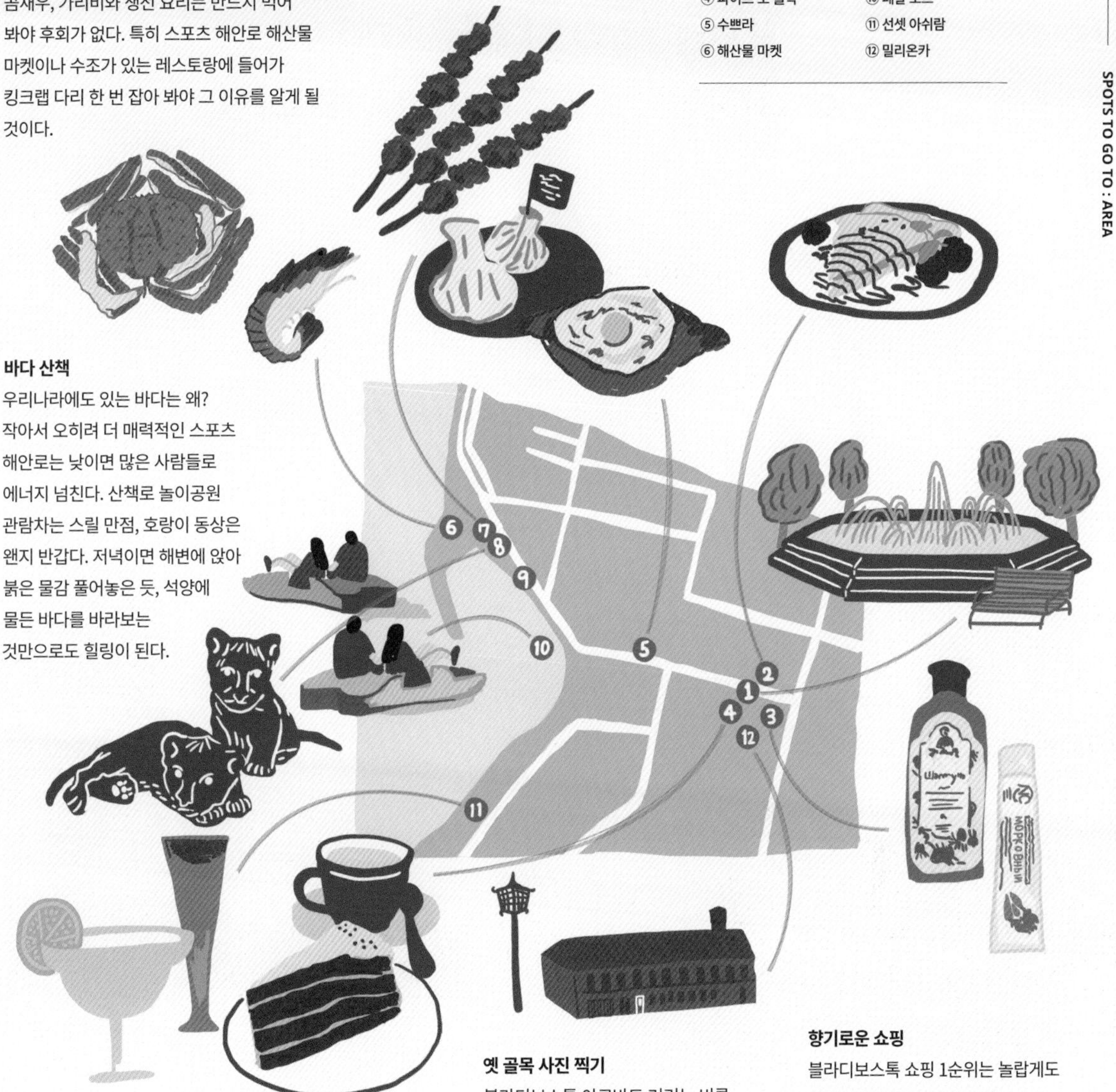

바다 산책

우리나라에도 있는 바다는 왜? 작아서 오히려 더 매력적인 스포츠 해안로는 낮이면 많은 사람들로 에너지 넘친다. 산책로 놀이공원 관람차는 스릴 만점, 호랑이 동상은 왠지 반갑다. 저녁이면 해변에 앉아 붉은 물감 풀어놓은 듯, 석양에 물든 바다를 바라보는 것만으로도 힐링이 된다.

달콤한 디저트 힐링

러시아 디저트는 유난히 달콤하다. 아르바트 거리와 근처 곳곳에 맛있기로 소문난 카페가 여럿 있으니 당도 충전하고 사진도 찍으러 가 보자. 여유롭게 커피 한 잔에 케이크 한 조각도 좋고, 블린 가게에 가서 색다른 러시아 전통 팬케이크를 먹어 보는 것도 후회 없는 선택이다.

옛 골목 사진 찍기

블라디보스톡 아르바트 거리는 비록 짧지만, 유럽의 멋이 묻어 있는 건물이 가득하다. 건물 사이 통로를 들어가면 붉은 벽돌과 허름함이 남아있는 골목이 민낯을 드러낸다. 보기 좋은 옛날의 멋이 그대로 남아 있는 그곳에서 사진을 남겨 보자. 인생 샷을 건지게 될지 모른다.

향기로운 쇼핑

블라디보스톡 쇼핑 1순위는 놀랍게도 화장품! 러시아 브랜드를 써 본 사람은 안다. 특히 넵스카야 크림과 아가피아 할머니 제품은 가성비 최고. 현지 드럭 스토어는 여행의 필수 코스가 됐다. 거기다 유럽 브랜드 이브로쉐 제품은 한국보다 훨씬 저렴한 가격에 구매할 수 있어 안 사면 손해.

Plus.

블라디보스톡 아르바트 거리의 실체
우리가 당연히 '아르바트'라 부르는 이 거리의
주소상 정식 명칭은 '포킨 제독 거리(ул. Адмирала
Фокина 울리짜 아드미랄라 포끼나)'이다.
1957~1963년 소련의 태평양 함대를 지휘했던
비탈리 포킨 제독을 기억하게 그의 이름을 땄다. 역시
바다 도시다운 이름이다.

Tip.

정차 택시 주의!
알레우츠키 쇼핑센터 옆 도로에 정차해
있는 택시는 이용하지 말자. 이들은 흥정
가격과 달리 나중에 터무니없이 높은
액수를 요구하는 경우가 많다.
택시는 콜택시로!

АРБАТ
아르바트 메인 거리

01

Владивостокский Арбат

아르바트 거리 일대 :
오랜 멋과 지금의 낭만이 공존하다

유럽 분위기 건물 한가득, 저 멀리 바다까지 펼쳐지는 아르바트 거리!
버스킹 감상에 분수와 벤치를 배경 삼아 서서히 산책하다 골목에 들어서면,
붉은 벽돌이 한껏 낡은 속살 드러내는 멋스러움이 있다. 골목 너머
스베틀란스카야 거리 초입은 또 다른 즐거움을 선사한다.

Арбат

Ух ты, блин!   우흐 뜨이, 블린!

Ⓐ ул. Адмирала Фокина, 9 Ⓖ 43.117897, 131.881730 Ⓣ (423) 200-32-62
Ⓗ 5-10월 10:00-22:00, 11-4월 10:00-21:00 Ⓟ 디저트용 블린 ₽150~, 식사용 블린 ₽250~
Ⓘ @uhtiblin_vl Ⓜ Map → 3-B-2

블린은 둥근 러시아 전통 팬케이크이다. 얇게 부쳐낸 블린에 초콜릿,
견과류, 연어, 꿀 등 토핑을 얹어 취향대로 먹을 수 있다. 러시아 시골
느낌 인테리어가 정겨운, 한국 여행객의 단골 카페.

Арбат

Five O'clock 파이브 오 클락

Ⓐ ул. Адмирала Фокина, 6
Ⓖ 43.117660, 131.881390 Ⓣ (423) 294-55-31
Ⓗ 08:00-21:00, 토 09:00-21:00, 일 11:00-21:00
Ⓟ 레드벨벳 케이크 ₽100~, 잎차 ₽90~
Ⓦ www.five-oclock.ru
ⓘ @englishtearoom Ⓜ Map → 3-B-2

인기 만점 영국식 베이커리 카페. 5시 티타임 전통을 만든 빅토리아 여왕 초상화가 걸려 있다. 우아한 분위기 속, 달달한 케이크와 영국에서 직접 공수한 차를 즐겨 보자. 아침 식사도 가능하다.

Арбат

Aliis Coffee 알리스 커피

일명 '해적 커피', 하늘색 여성 해적 로고가 인상적인 블라디보스톡의 커피 체인이다. 시내 곳곳 매장이 있고, 음료는 400ml 테이크아웃 잔에 슬리브 없이 준다. 빨대마저 하늘색으로 깔맞춤!

Ⓐ ул. Адмирала Фокина, 7 Ⓖ 43.117903, 131.881620
Ⓗ 10:00-20:00 Ⓟ 아메리카노 ₽55~, 카푸치노 ₽79~
Ⓜ Map → 3-B-2

① 우흐 뜨이, 블린!
② 파이브 오 클락
③ 알리스 커피
④ 티코 미니 마켓(p.113)
⑤ 알레우츠키 쇼핑센터
⑥ 이브로쉐
⑦ 싸밋 은행 환전소
⑧ 순둑 쇼룸
⑨ 밀리온카
⑩ 아르카 현대 미술관
⑪ 로쉬끼-쁠로쉬끼
⑫ 뮌헨
⑬ 파이 패밀리
⑭ 보씸 미누뜨
⑮ 베르살 호텔

a. ТД Алеутский 알레우츠키 쇼핑센터

아르바트 거리의 쇼핑센터로 볼거리, 살거리가 많다. 특히, 드럭 스토어 '추다데이(чудодей)'는 러시아 화장품 사려는 사람들로 늘 붐빈다. 아래층에서 문화예술의 나라 책방 풍경도 감상해 보자.

Ⓐ ул. Алеутская, 27 Ⓖ 43.117389, 131.882664
Ⓗ 10:00-21:00 Ⓜ Map → 3-B-2

b. Yves Rocher 이브로쉐

유명 프랑스 화장품 브랜드를 한국에서 사는 것보다 절반 정도 저렴하게 구입할 수 있다. 샤워 젤이나 향수 등 향기로운 쇼핑을 선점해 보자.

Ⓐ ул. Адмирала Фокина, 16 Ⓖ 43.11705, 131.88461
Ⓣ (423) 226-92-79 Ⓗ 월-토 09:00-20:00, 일 10:00-19:00
Ⓦ www.yves-rocher.ru Ⓜ Map → 3-C-2

c. Саммит Обмен Валюты 싸밋 은행 환전소

시내에서 환율 꽤 괜찮은 곳. 환전 창구(КАССА)가 둘뿐이라, 줄이 길다. 차례가 되면 빈 창구로 들어가면 된다. 원화 환전도 가능. 환전 후에는 늘 도난 사고에 주의하자.

Ⓐ ул. Адмирала Фокина, 18 Ⓖ 43.117000, 131.885009
Ⓣ (423) 267-76-77 Ⓗ 월-토 09:00-20:00, 일 10:00-19:00
Ⓜ Map → 3-C-2

Переулок
아르바트의 골목들

Переулок

Сундук Showroom 순둑 쇼룸 (p.100)

Ⓐ ул. Адмирала Фокина, 10а
Ⓜ Map → 3-B-2

벽화 통로를 지나 우리를 맞이하는 이색적인 모던 숍. 보물상자 같은 이곳에서 블라디보스톡과 바다 관련 아이템, 각종 센스 있는 선물을 구입해 보자. 망설임 없이 돈을 써도 후회가 없는 곳!

Don't Miss.

Арт-Арка 벽화 통로

알레우츠키 쇼핑센터 건물의 작은 통로 굴에 들어서면 개성 만점 벽화가 가득하다. 저녁이면 조명에 사진 찍기 좋은 포토존이 된다. 벽화는 '순둑 쇼룸'에서 매년 새로운 그림으로 생명을 불어넣고 있다.

Переулок

Миллионка 밀리온카

Ⓖ 43.1173, 131.8823　Ⓜ Map → 3-B-2

19세기 말부터 20세기 초중반까지 아르바트 일대는 중국 빈곤층 주거지인 차이나타운에 속했다. 얼마나 많은 중국인이 살았는지 '백만'이란 의미의 러시아어 '밀리온(миллион)'에서 딴 '밀리온카'라 불렸다. 지금은 건물 대부분이 옛 외관을 그대로 간직하며 젊은 맛과 멋을 뽐내고 있다.

Переулок

Галерея современного искусства АРКА

아르카 현대 미술관

Ⓐ ул. Светланская, 5　Ⓖ 43.117128, 131.880746
Ⓣ (423) 241-05-26　Ⓗ 화-토 11:00-18:00(일·월 휴관)　Ⓜ Map → 3-B-2

스베틀란스카야 5번 건물 작은 통로로 들어가면 나오는 작은 미술관. 현시대 작가의 그림을 감상할 수 있다. 이곳은 극동 출신 화가들의 등용문과도 같은 곳이라 현대 작품의 트렌드를 읽기도 좋다. 몇 분 만에 훑고 나올 만큼 작지만 예술은 깊다. 입장은 무료!

ул. Светланская

Мюнхен 뮌헨

Ⓐ ул. Светланская, 3 Ⓖ 43.11684, 131.88037
Ⓣ (423) 241-34-54 Ⓗ 12:00~02:00
Ⓟ 생맥주(500ml) ₽210~, 안주류 ₽300~600 Ⓘ @munichpub
Ⓜ Map → 3-B-2

독일에 있는 동네 맥줏집 간 느낌이다. 시내 중심에
위치하고 있어 관광객들 발걸음도 많은 편. 생맥주에
마늘 흑빵(гренки с чесноком) 또는 짭조름한 소시지가
먹고 싶을 땐, 가까운 독일 뮌헨에서 만나자!

ул. Светланская

Гостиница Версаль 베르살 호텔

Ⓐ ул. Светланская, 10 Ⓖ 43.11674, 131.87971
Ⓣ (423) 226-42-01 Ⓦ hotel-versailles.ru Ⓜ Map → 3-B-2

블라디보스톡의 19세기 양식 건축물로 유서 깊은 호텔이다. 1989년
화재 이후, 옛 사진과 자료를 근거로 지금 모습으로 재현했다. 낙후된
시설로 호텔로서의 매력은 부족하나, 로비에서 화려한 제정시대
분위기를 느끼기에는 충분하다.

> **Tip.**
>
> 스베틀란스카야 거리(p.038)는 중앙광장과
> 금각교를 지나 금각만 안쪽까지 동서로 뻗은
> 도시의 주요 도로이다. 아르바트에서 한 블록
> 떨어진 거리 초입은 젊은 카페와 레스토랑,
> 유럽식 건물이 한데 어울리는 공간이다.

ул. Светланская

Pie Family 파이 패밀리

Ⓐ ул. Светланская, 12 Ⓖ 43.116494, 131.880816
Ⓣ (423) 209-00-70 Ⓗ 월-금 08:30-21:00, 토 09:30-21:00,
일 10:00-21:00 Ⓟ 체리 파이 등 모두 ₽160~
Ⓦ www.piefamily.ru Ⓘ @piefamilyru Ⓜ Map → 3-B-2

작은 공간, 파이(пироги 삐라기)가 맛있는 곳.
저렴한 가격의 조각 파이는 뱃속을 행복하게
달래기 좋은 달콤한 유혹이다. 센스 있는 인테리어에
반해 잠시 앉았다가 빵 하나를 더 시키게 되는 곳.
굼 옛 마당의 레스토랑 '구스토'와 자매 카페다.

ул. Светланская

8 Минут 보씸 미누뜨 (p.080)

Ⓐ ул. Светланская, 1 Ⓜ Map → 3-B-2

러시아에서 현지인의 소박한 식사도 한 번
체험해야 하지 않겠는가? 소련 느낌이 묻어난
카페테리아에서 약간은 기름진 이모네 음식을
먹어 보자. 먹고 싶은 만큼 골라 먹을 수 있다.

ул. Светланская

Ложки-плошки

로쉬끼-쁠로쉬끼 (p.076)

Ⓐ ул. Светланская, 7(지하) Ⓜ Map → 3-B-2

작고 동그란 러시아 만두가 당길 때! 알록달록
밀대와 주걱이 맞이하는 지하 공간으로
내려가 보자. 아무지게 빚어진 만두 한 입 먹고
나면 쫀득한 맛에 반하게 될 것이다.

Спортивная
Набережная

스포츠 해안로 : 바다와 노을, 그리고 휴식의 해양공원

블라디보스톡의 시민 쉼터, 스포츠 해안로에는 바다와 분수, 관람차, 각종 먹거리로 가득하다. 그저 바다와 노을을 바라보며 마음만 쉬어 가도 좋은 곳. 겨울에는 얼음 바다의 진풍경도 만난다.

Спортивная наб.

Супра 수쁘라(p.068)

Ⓐ ул. Адмирала Фокина, 16
Ⓜ Map → 3-B-2

스포츠 해안로 초입의 줄 서서 먹는 맛집! 우리 입맛에 딱, 맛깔스러운 조지아 음식을 유쾌한 분위기 속에 즐길 수 있는 단연 블라디보스톡의 핫 플레이스. 그만큼 오랜 기다림은 감수해야 한다.

Must Try.

보트를 타고 바다로

따뜻한 시즌에는 해안로 중앙 해변에서는 보트로 바다를 체험해 볼 수 있다. 친구, 연인, 가족과 페달을 밟으며 보트 한 번 타 볼까?

Ⓖ 43.118288, 131.877509

호랑이의 흔적

발코니 산책로를 걸으며 호랑이 흔적을 찾아보자. 바닥에 찍힌 호랑이 발자국, 두 마리 작은 아무르 호랑이 동상까지 호랑이 보호를 위해 국제기관에서 선물했다고 한다.

Ⓖ 43.120518, 131.875747
Ⓜ Map → 3-A-1

Plus.

Памятник тигру 도시 속 호랑이 동상

호랑이와 인연이 깊은 도시 곳곳에서 만나는 우수리스크 호랑이와 아무르 호랑이 동상!

호랑이 거리 Ⓐ ул. Тигровая, 18a Ⓖ 43.115205, 131.877894 Ⓜ Map → 3-A-3
아께안 영화관 Ⓐ ул. Набережная, 3 Ⓖ 43.11674, 131.87745 Ⓜ Map → 3-A-2

> Спортивная наб.

Набережная 발코니 산책로

Ⓖ 43.1194.131.87699 Ⓜ Map → 3-A-2

그냥 걷기만 해도 평화롭다. 유유히 떠다니는 요트, 일광욕 즐기거나 산책하는 사람들로부터 일상의 여유를 느낀다. 400m 남짓 발코니 산책로엔 놀 거리, 먹거리, 버스킹 즐거움도 한가득. 무엇보다 석양 질 무렵 바다와 하늘의 장관은 말해 무엇하랴!

a. Карусель 놀이공원

해변에 위치한 작은 놀이공원. 어린이용 놀이기구가 대부분이지만 어른도 타게 만든다. 특히 알록달록 관람차에서 내려보는 바다는 색다른 멋. 단, 안전장치가 부실해 공포에 떨게 될지 모른다. 티켓은 매표소에서 구매하고 탑승하자. 아쉽게도 혹한기엔 개장하지 않는다.

Ⓐ ул. Батарейная, 1 Ⓖ 43.119696, 131.876954
Ⓗ 10:00-21:00(계절별 영업시간 유동적) Ⓜ Map → 3-A-2 Ⓘ @vl_park_karusel

b. Zeytun 제이툰

해안 산책로 호랑이 동상 옆에 위치한 소박한 아제르바이잔 식당. 이곳에서 노을 물든 바다를 안주 삼아 큼직하고 맛있는 샤슬릭에 시원한 음료 한 잔이면 세상 부러울 것이 없다.

Ⓐ ул. Батарейная, 3 Ⓖ 43.12051, 131.87561
Ⓣ (423) 279-08-50 Ⓗ 11:00-24:00
Ⓟ 샤슬릭 ₽430~, 쁠롭 ₽410~ Ⓘ @zeytunvl
Ⓜ Map → 3-A-1

Nearby.

Мидия 미지야 (p.069)

수쁘라 바로 옆에 위치한 카페. 홍합을 모티브로 한 내부 인테리어와 캐주얼한 분위기가 인상적이다. 화려한 비주얼의 음료뿐만 아니라 홍합을 활용한 요리도 선보인다.

Ⓐ ул. Адмирала Фокина, 1a Ⓜ Map → 3-B-2

Спортивная наб.

Морепродукты

해산물 마켓

Ⓐ ул. Батарейная, 1г / пляж Юбилейный
Ⓖ 43.120532, 131.874744 / 43.117138, 131.877018 Ⓜ Map → 3-A-1 / 3-A-2

해안로에서 해산물 그림 간판을 찾아보자. 얼린 킹크랩(краб)과 인기 메뉴인 곰새우(медведка)를 판매한다. 마켓 옆에 앉아 맥주와 샤슬릭까지 먹으면 금상첨화! 단, 가격은 시장에 비해 좀 센 편.

Спортивная наб.

Музей Владивостокская крепость

블라디보스톡 요새 박물관

Ⓐ ул. Батарейная, 4а Ⓖ 43.122381, 131.876418 Ⓣ (423) 240-08-96
Ⓗ 10:00-18:00 (동절기 10:00-17:00) Ⓟ 성인 ₽200, 5~12세 ₽100
Ⓦ www.vladfort.ru Ⓜ Map → 3-A-1

블라디보스톡과 인근 지역에는 도시를 지키기 위한 요새와 대포가 산재했다. 그중에서도 스포츠 해안로 인근의 이곳은 시내 바닷가에 위치해 훌륭한 접근성 덕분에 1996년부터 박물관이 되었다. 밀리터리 덕후들에겐 천국일 것. 특히 바다를 내려볼 수 있어 전망이 끝내준다.

Near by.

Храм Святого благоверного князя Игоря Черниговского
이고르 체르니곱스키 정교회 사원

북쪽 해안로 인근 고즈넉한 정교회 사원으로 사진 찍기 좋다. 이 작은 사원은 체첸 사태 등의 분쟁지에서 희생된 내무국 용사들을 기리고자 2007년 세웠다. 사원 앞 동상 포즈가 인상적이다.

Ⓐ ул. Фонтанная, 12 Ⓖ 43.120597, 131.880309
Ⓣ (423) 269-08-75 Ⓗ 10:00-19:00 Ⓦ www.sv-voin.ru
Ⓜ Map → 3-B-1

Near by.

Cafe Lounge 카페 라운지

2019년 7월 오픈한 여행자를 위한 라운지로 모던하고 깔끔한 카페와 각종 편의시설을 갖췄다. 심야 항공편 이용자를 위한 리클라이너, 샤워실, 짐 보관 서비스가 있고, 리셉션의 대형 모니터에서 실시간 항공 스케줄을 확인할 수 있어 좋다. 간단한 아침, 저녁도 해결 가능하다. 지친 여행에 눈도 붙이고 여행 정보까지 얻어가는 최적의 공간! 시티투어 버스의 종점이기도 하다.

Ⓐ ул. Семёновская, 9 Ⓖ 43.119, 131.88223 Ⓣ (991) 496-45-82
Ⓗ 08:00-23:00(카페), 24시간(리셉션, 리클라이너룸, 샤워실)
Ⓟ 리클라이너룸 ₽250/시간, 짐 보관 ₽150, 샤워실 ₽250
Ⓘ @cafelounge_vl Ⓜ Map → 3-B-2

Plus.

시티투어 버스로 도시를 한 번에!(p.149)
주어진 시간은 짧은데 도시는 다 구경하고 싶다면? 힘들게 걸어 다니지 않고도 주요 포인트를 이동할 수 있는 블라디보스톡 시티투어 버스를 이용해 보자. 트래블러스 (ул. Батарейная, 4)에서 하루 3~4번 출발한다.

Ротонда 바닷가 반원형 포토존

Ⓖ 43.115860, 131.876036 Ⓜ Map → 3-A-3

유빌레이니 해변에서 위로 언덕을 오르면 그리스 양식의 운치 있는 포토존이 있다. 멀리 바다 배경으로 사진 찍기 좋은 곳. 아무르만 절경과 해안로가 보이는 이곳은 로맨티스트들의 단골 장소다.

Спортивная наб.

Пляж Юбилейный 유빌레이니 해변

Ⓖ 3.116360, 131.875795 Ⓜ Map → 3-A-2

발코니 반대편 해안에는 새로운 분위기의 '기념' 해변이 있다. 최근 가게와 시설들이 새로 들어서 더 활기차고 먹고 놀기 좋은 장소가 되었다. 사진을 찍고, 춤을 추고, 칵테일을 마신다. 저녁이면 불빛의 화려함이 더하는 곳.

Must Try.

사진 찰칵!
남는 건 사진뿐. 바닷가의 I♥Vladivostok 러시아어 버전 조형물에 로맨틱 하트까지!

달리며 산책!
따뜻한 날 해변 따라 신나게 달려 보자. 자전거, 롤러스케이트, 스케이트보드도 빌릴 수 있다.

Сам Себе Велосипед 자전거 대여소

Ⓗ 월-금 14:00-22:00, 토-일 12:00-22:00(동절기 휴무)
Ⓟ 자전거, 스케이트보드 등 ₽200~/시간

바다 보며 칵테일 한 잔!
로맨틱하게 바다 앞에서 석양과 함께 칵테일 한 잔 마셔 볼까? 인생 샷을 건질지도 모른다! 추운 겨울에는 문을 닫는다.

Sunset Ashram 선셋 아쉬람

Ⓐ ул. Набережная, 76 Ⓖ 43.11595, 131.87544
Ⓗ 12:00-04:00 Ⓜ Map → 3-A-3

Chapter. 2

Svetlanskaya Street & Around Central Square

블라디보스톡의 기억을 걷다

스베틀란스카야 거리 & 중앙광장 일대 산책

블라디보스톡 설립 초기의 주요 도로인 스베틀란스카야 거리를 걸으며
옛 도시 모습을 상상해 보자. 그렇게 거리를 걷다 보면 소련 인민들의
집결지 중앙광장이 나오고, 그 뒤로 바다를 지키는 블라디보스톡의 옛
군사기지의 모습을 엿볼 수 있다. 스토리 가득한 도시의 중심!

Улица Светланская 스베틀란스카야 거리

굼 옛 마당 따라잡기

블라디보스톡의 핫 플레이스. 시간을 거슬러 올라간 듯한 옛날 분위기지만, 매장 하나하나 현지의 젊은 트렌드를 심어 놓은 보물 같은 장소다. 소문난 맛집, 구경할 만한 멋집으로 가득하며, 나도 모르게 자꾸 카메라 셔터를 누르게 된다. 저녁 조명을 받으면 한껏 더 멋있어진다.

① 우체국
② 굼 옛 마당
③ 프스삐쉬까
④ 손켈
⑤ 쁘리모리에 은행
⑥ 비소츠키 동상
⑦ 니콜라이 개선문
⑧ 중앙광장
⑨ 주말 시장의 꿀
⑩ 블라드 기프츠
⑪ 블라디보스톡 설립 기념비
⑫ 잠수함 박물관

주말 광장 시장 구경

블라디보스톡 중앙광장에는 주말이면 시민을 위한 장이 열린다. 먹거리, 볼거리, 살 거리가 가득해 구경만 해도 재미나다. 신선한 채소와 각종 해산물, 따끈한 빵과 막 따온 꿀까지! 연해주의 신선함이 있다. 추운 겨울엔 열지 않고 봄부터 가을까지 개장한다.

유럽풍 건물 사진

스베틀란스카야 거리는 아르바트와는 달리 큼직한 유럽식 건물이 길게 이어진다. 거리를 따라 산책하면서 건물 하나하나 뜯어보는 재미가 쏠쏠하다. 대부분 19세기에 지어진 건물로, 러시아 양식의 우체국 건물과 독일 양식 굼 건물 앞에서 예쁘게 사진을 남겨 보자.

잠수함 체험

살면서 잠수함을 볼 기회가 얼마나 있을까? 블라디보스톡 바다 수호의 거리에서는 잠수함 실물도 직접 보고 내부에 들어갈 수 있다. 그 규모에 놀랍고 신기하면서도, 전쟁 역사와 나라의 지난날을 귀하게 기억하고 기리는 러시아 사람들의 따뜻한 마음까지 느끼는 시간이 될 것이다.

니콜라이 개선문 인증 샷

알록달록하고 화려하기까지 한 블라디보스톡 인증 샷 명소. 색감 덕분에 사진이 참 예쁘게 나온다. 그냥 단순한 문이 아니다. 19세기 초 이 도시까지 발걸음을 한 니콜라이 황태자를 기념하기 위해 세운 것. 바다를 향해 뚫린 이 개선문을 지나면 행복이 찾아들 것만 같은 예감이다.

Улица Светланская

스베틀란스카야 거리 : 유럽 건축물의 소박한 향연

블라디보스톡에서 유난히 유럽의 향이 짙게 나는 주요 거리.
금각만과 평행하게 도심을 동서로 가르는 스베틀란스카야 거리를 따라
도시의 멋을 한껏 느끼며 느긋하게 산책해 보자.

Tip.

Цветы 꽃가게

러시아 꽃집 쯔비띠(Цветы). 꽃향기
가득한 골목이라 기분까지 좋아진다. 러시아
사람에게 꽃은 반드시 홀수 단위로 선물하자.
짝수는 고인에게만 주는 것이기 때문.

Ⓐ ул. Светланская, 23

Ⓖ 43.116203, 131.884347　Ⓜ Мар → 3-C-3

Tip.

스베틀란스카야 거리 감상 포인트는 바로 '건물'. 19세기 블라디보스톡
도시가 형성되는 과정에서 독일, 러시아 등 다양한 건축 양식이 생겨나,
건물을 살펴보고 비교하는 재미가 있다.

a. Владивостокский ГУМ
블라디보스톡 굼

모스크바 붉은광장에 굼(ГУМ)이 있듯,
블라디보스톡에도 있다. 19세기 독일 상사가 지은
유럽풍 건물로 도시에서 가장 오래된 건축물이자
러시아 최초 백화점. 그런데 놀랍게도 굼의 매장은
대부분 한산한 편이다.

Ⓐ ул. Светланская, 33-35
Ⓖ 43.115582, 131.887418 Ⓣ (423) 222-20-54
Ⓗ 10:00-21:00 Ⓦ www.vladgum.ru Ⓜ Map → 3-C-3

Nearby.

Малый ГУМ 작은 굼

'작은 굼'은 오리지널 블라디보스톡 굼과는
달리 우리나라 쇼핑몰과 비슷하다. 꼭대기
층에는 전망 좋은 푸드코트가 있다.

Ⓐ ул. Светланская, 45
Ⓖ 43.114821, 131.891597
Ⓣ (423) 274-21-82
Ⓗ 10:00-20:00 Ⓦ www.vladgum.ru
Ⓜ Map → 3-D-3

c. Почта и Элеонора Прей
우체국 건물과 엘레아노르 프레이

우체국치곤 화려한 17세기 러시아 양식 건물,
그리고 그 옆 여인의 동상. 그녀는 19세기 말
남편을 따라 블라디보스톡에 온 미국인 엘레아노르
프레이(Eleanor Pray)다. 그녀가 남긴 당시 수많은
편지는 도시의 귀중한 사료로 아르세니예프 박물관
특별 전시관에 전시되어 있다.

Ⓐ ул. Светланская, 41 Ⓖ 43.115068, 131.890251
Ⓜ Map → 3-D-2

Nearby.

Памятник Высоцкому
노래하는 동상, 비소츠키

스베틀란스카야 거리 감상 포인트는 바로
'건물'. 19세기 블라디보스톡 도시가 형성되는
과정에서 독일, 러시아 등 다양한 건축 양식이
생겨나, 건물을 살펴보고 비교하는 재미가 있다.

Ⓐ ул. Светланская, 49
Ⓖ 43.115116, 131.893195
Ⓜ Map → 3-E-3

b. Банк Приморье 쁘리모리에 은행

스베틀란스카야 거리에 단연 돋보이는 고전적인 민트색 건물! 20세기 초
건축 당시 시베리아 함대 사령부로 사용되던 건물이라 그런지 사랑스러운
외관 어디선가 위엄이 느껴진다. 현재는 '쁘리모리에' 은행이 들어서 있다.

Ⓐ ул. Светланская, 47
Ⓖ 43.114606, 131.892413 Ⓜ Map → 3-D 3

Старый дворик ГУМа

굼 옛 마당

굼보다 안쪽 옛 마당의 인기가 좋다. 황제의 마구간, 소련 시절 창고였지만, 보수 공사 후 2016년 젊고, 세련된 공간으로 부활했다. 옛 도시 분위기에 잠시 잠겨 보자. 시즌마다 프리마켓도 열린다.

a. Вспышка 프스삐쉬까

눈이 먼저 즐거운 '걸작' 에클레어가 가득한 작은 매장이다. 입안에 넣으면 사르르 녹는 달콤함에 감탄이 절로. 폭발적인 인기로 한국어 메뉴도 있다. 있을 때 사 놓는 게 상책이니, 하나는 먹고 두 개는 테이크아웃!

Ⓐ ул. Светланская, 33 Ⓖ 43.115907, 131.887663
Ⓗ 08:30-20:00 Ⓟ 딸기 에클레어 ₽250~, 나폴레옹 에클레어 ₽200~
Ⓜ Map → 3-C-3

b. Gusto

구스토 (P.083)

유럽식 맛난 요리가 먹고 싶을 때 후회 없는 선택이 되어 줄 곳. 르 꼬르동 블루 출신 셰프의 감각적인 고급 메뉴를 이 가격에 먹어도 되나 싶을 정도로 감격스러울 것이다. 오픈 키친에서 바쁘게 움직이는 셰프들의 모습만 봐도 왠지 신뢰가 가는 고급 서양식 퀄리티이다.

Ⓐ ул. Светланская, 33/2
Ⓜ Map → 3-C-3

c. Невинные радости

니빈니에 라더스찌

분위기 좋아 그냥 지나칠 수 없는, '순전한 기쁨'이라는 이름의 와인 바. 러시아 와인 어워즈를 수상한 와인을 마셔 볼 수 있다. 잔으로 주문 가능한 와인 종류가 무려 30여 종! 요리와 함께 가볍게 한잔하기 좋다.

Ⓐ ул. Светланская, 33/3 Ⓖ 43.116173, 131.887561
Ⓣ (423) 208-91-93 Ⓗ 일-목 12:00-24:00, 금-토 12:00-02:00
Ⓟ 카르파초 ₽570, 와인 ₽500~/1잔
ⓘ @radosti_vl Ⓜ Map → 3-C-3

d. Шарик мороженого

샤릭 마로줴노버

젤라또를 이탈리아에서만 먹으란 법 있나? 착한 가격에 신선하고 다양한 맛을 선사하는 작은 아이스크림 가게로 가 보자. 새콤달콤 시원한 젤라또 볼이 동글동글 귀엽다. 한입 두입 먹다 언제 다 먹었나 싶을 거다. 동일한 매장을 국경 거리에서도 만나볼 수 있다.

Ⓐ ул. Светланская, 35 Ⓖ 43.115748, 131.887856
Ⓣ (423) 208-42-42 Ⓗ 10:00-20:00 Ⓟ ₽70~/1스쿱
ⓘ @gelatovl Ⓜ Map → 3-C-3

잠에서 깨어난 블라디보스톡, 어떤 곳일까?

'동방을 정복하라!' 이름만으로 러시아의 강한 의지가 그대로 드러난 도시. 수십 년 꽁꽁 얼어 붙어있던 블라디보스톡은 이제, 기나긴 겨울잠을 끝냈다. 본래 이 도시는 어떤 곳이었을까? 그 일대기 정도는 알아야 도시 감상 포인트가 제대로 잡힐 것이다.

Видовая площадка Орлиное Гнездо
독수리 전망대에서 바라본 금각만

철길과 요새의 도시

도시의 발전은 철도 연결로 급물살을 탔다. 19세기 말 시베리아 횡단 철도와 중동(中東) 철도 건설 덕분에 블라디보스톡은 육로와 해상을 잇는 국제무역 중심지로 성장했다. 도시는 또한 러일전쟁, 러시아 혁명과 내전이 있던 20세기 초까지 수난의 역사 속에서 어마어마한 무기와 방어시설을 갖춘 요새로서의 역할도 컸다. 러시아가 가장 영광스레 여기는 대조국 전쟁(1941~1945년, 독소전쟁) 당시 이곳으로 유입된 군수물자가 엄청났고 그래서 승리도 얻었으니 과연 '군사 영광의 도시'이다.

닫혔던 문이 열리다

소련 당시 1952년부터 블라디보스톡의 외국인 입국이 금지됐다. 자국민조차 허가를 받아야 들어갈 수 있던, 그렇게 꽁꽁 닫힌 도시의 철문은 소련 해체 이후 1992년 1월 1일부로 개방되었다. 이때부터 호텔업과 운수업, 통신업, 식품업 등 각종 외국인 투자로 조금씩 발전하기 시작했다. 도시는 본래 연해주 최대 어업기지이자 해운사와 대형 조선소, 선박 수리소를 두루 갖춘 항구지만, 오랜 시간 폐쇄로 인해 시설은 무척이나 낡아버렸다.

19세기 부동항을 찾아

블라디보스톡은 러시아가 얼지 않는 항구를 찾아 동으로, 남으로 뻗어 나간 의지의 결과물이다. 당시 러시아 제국은 부동항이 절실히 필요했는데 17세기 중반 아편전쟁으로 청나라가 타격을 입자 절호의 기회를 잡게 됐다. 동시베리아 총독 니콜라이 무라비요프가 1858년 중국과 아이훈 조약을 맺고, 이어 1860년 베이징 조약으로 바다가 인접한 연해주 땅을 확보한 것. 1860년 7월 시베리아 소함대 만주호가 금각만에 주둔하면서 군사기지로 그렇게 이곳의 처음은 시작됐다. 선박 해안로에서 '1860' 숫자가 이를 증명한다.

2012년 잠에서 깬 블라디보스톡

블라디보스톡은 2012년 9월 APEC 개최를 계기로 도약의 기반을 다진다. 도시 정비를 위해 수많은 건설 및 보수 프로젝트들이 진행되었다. 시내는 조금씩 정돈되고 공항과 도로가 새로 만들어졌다. 샌프란시스코의 금문교처럼 멋진 '금각교'도 생겨나 이제 랜드마크로 자리 잡았다. 요새와 대포만 가득했던 황량한 루스키섬은 새롭게 탈바꿈되어 국제 행사도 성공적으로 치러졌다. 그렇게 수십 년 깊은 잠에 빠졌던 블라디보스톡은 2012년 역사 한 페이지를 장식하며 깨어나기 시작했다.

이제는 국제도시로

APEC 정상회의 개최 이후 푸틴 러시아 대통령의 발길은 계속 블라디보스톡을 향했다. 러시아는 2015년부터 매년 이곳에서 '동방경제포럼'을 열고 동북아시아 정상들과 극동지역의 개발을 논하고 있다. 외국인 투자 유치를 위해 각종 제도와 정책으로 국제 구애 활동을 적극 전개 중이다. 여기에 더해 러시아 정부는 2018년 12월 공식적으로 극동관구의 중심지를 하바롭스크에서 블라디보스톡으로 이전했다. 이제는 앞으로가 더 기대될 수밖에 없는 도시다.

Don't miss.

주말 시장

신나는 구경거리! 주말이면 중앙광장에 장이 열린다.
상인이 직접 재배한 과일, 채소를 비롯해 꿀, 생선,
새우 등 신선한 식자재가 가득하다. 추위를 피해
4~11월 개장하며, 가끔 광장에서 행사가 있는 날에는
열리지 않을 때도 있다.

04

Центральная Площадь & Корабельная Набережная

중앙광장 & 선박 해안로 일대 : 도시 역사와 바다 수호의 공간

거대한 동상으로 시작되는 블라디보스톡 중심의
광장. 새해나 전승기념일, 축제가 있는 특별한 날이면
이곳에 시민들이 모여 즐기며 축하한다.
광장 뒤로 펼쳐진 금각만 옆 선박 해안로는
이 도시를 지켜야 할 이유이다.

Tip.

길 건널 땐?

도시 산책 중 길을 건널 일이 꽤 있을
것이다. 블라디보스톡에서는 우리의
과속방지턱 표시가 횡단보도이다.
무조건 보행자 우선으로, 신호등이
없어도 횡단보도에 발을 딛는 순간
달리던 차들이 일제히 멈추게 돼 있다.

Must try.

쌍두독수리를 찾아라!

동편 동상에 숨은 쌍두독수리(Двуглавый
орел)를 찾아보자. 자세히 보면 혁명
용사의 발아래로 러시아 제국을 상징하는
쌍두독수리가 고꾸라져 있다.
이 독수리는 현재 러시아 국장에도
있는 그림이다.

a. Памятник Борцам за власть Советов 투쟁 용사 동상

바다를 향해 한 손엔 깃발, 다른 손엔 승리의 나팔을 든 붉은 군 동상은
도시를 점령하듯 우뚝 섰다. 양쪽으로 선원, 군인, 노동자 그룹의 동상이
있다. 1917~1922년 러시아 내전 중 희생된 소비에트 혁명 용사를 기리는
동상으로 생동감 넘친다.

b. Спасо-преображенский кафедральный собор
구세주 변모 대성당

광장에 건축 중인 금박 지붕의 웅장한 정교회 사원. 이 구세주 변모
대성당은 모금으로 2011년 건설을 시작했다가 자금 사정으로 중단됐었다.
현재는 공사가 조금씩 재개되고 있어, 완공될 즈음이면 도시에서 가장 큰
성당이 된다.

Ⓐ ул. Светланская, 38/40с2　Ⓖ 43.11478, 131.88713　Ⓜ Map → 3-C-3

c. Vlad Gifts 블라드 기프츠(p.102)

러시아 전통 기념품이나 블라디보스톡을 기억할 만한 아이템을 사고
싶다면 중앙광장 뒤편에 위치한 가게로 가 보자. 기념품 종류가 다양하고
진기한 것들이 많아 구경만 해도 재미있다. 살 생각 없던 사람도 빈손으로
나오지 못할 것.

Ⓐ ул. Корабельная набережная, 1а　Ⓜ Map → 3-C-3

Корабельная наб.

Корабельная набережная

선박 해안로

중앙광장 뒤편으로 계단을 내려 가면 금각만 따라 황태자 해안로 까지 이어지는 이른 바 '선박 해안로'가 펼쳐진다. 정박한 군함과 선박들이 보이는 이 길은 역사적으로 군사기지 블라디보스톡 탄생 스토리와 바다 수호의 의미를 담아낸다.

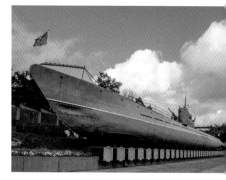

a. Памятник основателям Владивостока
블라디보스톡 설립 기념비

돛이 바람에 날리는 듯한 모습을 한 이 기념비는 도시 125주년에 세워졌다. 러시아가 군사기지 블라디보스톡에 최초 상륙한 장소로, 1860년 시베리아 소함대 만주호가 도착한 금각만 자리가 바로 지금 기념비 자리다. 기념비 주변 에서 설립 연도 '1860'을 찾아보자.

Ⓖ 43.113193, 131.889590　Ⓜ Map → 3-D-3

b. Красный вымпел
군함 박물관

설립 기념비 옆으로 군함박물관이 있다. '붉은 기'라는 이름을 가진 함대는 태평양 대전에 참전하기도 했었다. 태평양에서는 기념비적인 군함. 입장료를 내면 그 안을 살짝 구경해 볼 수 있다.

Ⓖ 43.112647, 131.890617
Ⓗ 수일 10:00-19:00, 월·화 휴무　Ⓟ ₽50
Ⓜ Map → 3-D-3

c. Мемориальная подводная лодка С-56 잠수함 박물관

육지에 큼직한 잠수함이 올라 있다. 대조국 전쟁의 활약 이후 1955년까지 사용한 잠수함으로 1982년부터 박물관으로 사용되고 있다. 조타실, 잠망경, 사령관실, 수병 공간이 그대로 재현됐다. 바깥의 붉은 '14'는 러시아가 격추한 독일 선박 수라고.

Ⓐ ул. Корабельная набережная, 6
Ⓖ 43.113361, 131.891265　Ⓣ (423) 221-67-57
Ⓗ 09:00-20:00　Ⓟ 성인 ₽100, 어린이(7~13세) ₽50
Ⓜ Map → 3-D-3

Near by.

Old Fashioned Gastrobar
올드 패션드 가스트로바(p.095)

개선문 근처 세련미와 감각 넘치는 맛집. 내려가는
길옆에 숨은 유리 테라스를 잘 찾아보자.

ⓖ ул. Петра Великого, 4 Ⓜ Map → 3-D-3

Корабельная наб.

Вечный огонь

영원의 불꽃

ⓖ 43.11321, 131.89202 Ⓜ Map → 3-D-3

안드레옙스카야 예배당 배경에 왠지 숙연해지는
곳. 러시아 어디나 있는 풍경. 꺼질 줄 모르는 불꽃은
1941~1945년 대조국 전쟁의 수많은 희생자를
추모하는 러시아인의 역사의식을 담는다.

> 옥사나 바리소바, 여행 정보 센터 사장
> 블라디보스톡에서는 높은 곳 어디든 바다와 하늘의 장관이
> 펼쳐집니다. 도시는 짧은 역사에도 수많은 투쟁과 전쟁이
> 있었고, 그 영향으로 시내의 옛 건물도 모두 양식이 다르죠.
> 알고 나면 참 뜻깊은 곳이랍니다.

Корабельная наб.

Информационно-
туристический центр

여행 정보 센터

Ⓐ ул. Корабельная набережная, 6А (4번 오피스)
ⓖ 43.112698, 131.891271
Ⓣ (924) 242-20-63 Ⓗ 10:00-18:00 Ⓦ morevl.ru
Ⓜ Map → 3-D-3

여행객을 위한 작은 정보 센터로 잠수함
박물관 맞은편 유리 건물 내 위치한다. 친절한
사장님에게 여행에 대한 알찬 정보를 얻어가자.
블라디보스톡 다리 투어 티켓도 구입 가능하다.

If you have time.

Мосты Владивостока
블라디보스톡 다리 투어

잠수함 박물관 근처 36번 부두에서 배를
타고 블라디보스톡의 교량을 감상해 보자.
금각만에서 루스키 대교까지 다녀오는 정기
노선은 5월부터 10월까지 있으며, 손님 수가
적거나 악천후엔 시간이 조정되기도 한다.

ⓖ ул. Корабельная набережная, 6А, 36번 부두
ⓖ 43.112698, 131.891271
Ⓣ (914) 707-11-55 Ⓗ 1시간 코스 5-10월 11:00-
18:00 매 정시 출발(변동 가능) 2시간 코스 6-9월
16:00, 18:00 2회 출발(변동 가능)
Ⓟ 성인 ₽800~1,200, 14세 미만 ₽600~900
Ⓘ @mostvl Ⓜ Map → 3-D-3

Корабельная наб.

Николаевские
триумфальные
ворота

니콜라이 개선문

Ⓐ ул. Петра Великого ⓖ 43.113855, 131.892373
Ⓜ Map → 3-D-3

알록달록 금장 지붕, 꼭대기 쌍두독수리,
셔터가 절로 눌리는 아름다운 개선문! 니콜라이
2세가 당시 황태자였을 때 블라디보스톡 방문
기념으로 1891년에 지었으나, 소련 때 붕괴되고
2003년 복원됐다. 여기를 통과하면 성공과
행복이 온다나?

SPOTS TO GO TO:
THEME

높은 곳에서 바다를 만나고 도시 속에서 러시아스러움을 맘껏 누리는 그런 여행을 해 보자.
얼핏 스치듯 본 도시와 다시 한번 깊이 들여다본 도시 본연의 모습은 전혀 다르게 느껴질 것이다
그럼 이제 블라디보스톡의 끝구 없는 매력에 흠뻑 빠져 볼까?

Видовая площадка Орлиное Гнездо

저 높은 곳에서 : 독수리 전망대

블라디보스톡에서 꼭 가야 할 명소! 도시에서 제일 높은 곳, 그 어떤 유리 막도 장애물도 없다.
'황금 뿔' 금각만이 펼치는 감격스런 경관만이 있을 뿐. 보고만 있어도 가슴 뻥 뚫리듯 개운하다.

Tip. 독수리 전망대에 오르기 전에

언덕은 해무, 안개가 자주 끼고
바람까지 세고 좋은 날씨도 운이다.
방문 전 기후 확인 필수.

Фуниклёр 푸니쿨라

도시를 한층 이색적으로 만드는 언덕 전차. '소비에트의 샌프란시스코'를 꿈꾸며 1962년
도시에 등장했다. 푸니쿨라는 상행, 하행 라인이 동시에 움직여 교차하는 구조로 길이는 183m,
운행 시간은 단 2분. 금각만 내려다보며 언덕을 오르자. 짧고도 강렬한 인상을 줄 것이다.
독수리 전망대까지는 푸니쿨라(상행선)에서 내려 지하 통로, 육로를 지나고 언덕을
올라야 한다.

Ⓐ 상행선 ул. Пушкинская, 29 / 하행선 ул. Суханова
Ⓖ 상행선 43.115974, 131.900869 / 하행선 43.117421, 131.900237
Ⓗ 07:03-19:55(매시 03, 10, 17, 25, 32, 40, 47, 55분 출발) Ⓟ ₽14(편도)
Ⓜ 상행선 Map → 3-F-3 / 하행선 Map → 3-F-2

Tip. 독수리 전망대로 향하는 또 다른 방법

❶ 상행선 역 왼편 가파른 계단 이용. 이곳 368개
계단은 현지인 사이에서는 '건강 계단'.
❷ 버스 탑승. 중앙광장에서 금각교 방향 버스(16ц번)
타고 'Фуникулёр(푸니꿀로르)' 정류장 하차.
❸ 야경을 보고 싶다면 택시 이용. 대기 시간
포함하여 왕복 요금(₽500 안팎)으로 흥정하자.

PLUS INFO

낮보다 아름다운 블라디보스톡의 밤!

블라디보스톡은 석양이 질 때부터가 진짜다. 하늘
조명을 시작으로 수많은 불빛의 향연이 이어진다.
검은 바다가 캔버스로 불빛 데칼코마니를 그리고,
도심 조명들은 건물을 멋스럽게 만든다. 아름다운
야경을 못 보고 왔다면 블라디보스톡에 다녀왔다
하지도 말라! 물론, 안전이 가장 우선이다.

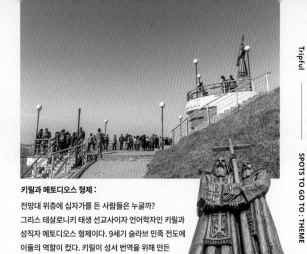

Видовая площадка Орлиное Гнездо
독수리 전망대

탁 트인 시야, 말이 필요 없는 전망. 하늘이 맑거나, 붉거나, 검은 바탕에
빛이 가득하거나. 어떤 색을 띠고 있든 그저 숨 멎는 곳. 도시의 마스코트
금각교와 바다 배경 사진이 가장 잘 나온다. 가족, 연인들, 신랑·신부,
여행객 모두가 꼭 한 번은 찍고 가는 장소이다.

Ⓖ 43.117513, 131.898447   Ⓜ Map → 3-F-2

키릴과 메토디오스 형제 :
전망대 위층에 십자가를 든 사람들은 누굴까?
그리스 테살로니키 태생 선교사이자 언어학자인 키릴과
성직자 메토디오스 형제이다. 9세기 슬라브 민족 전도에
이들의 역할이 컸다. 키릴이 성서 번역을 위해 만든
문자는 바로 현재 러시아어의 모태!

> **PLUS INFO**
>
> 블라디보스톡이 문화 클러스터로 지정되어 2024년에는 독수리
> 전망대 근방에 박물관·극장 콤플렉스가 들어설 예정이다. 완공되면
> 이곳에서도 모스크바 뜨레찌야코프 미술관, 상트페테르부르크
> 에르미따쉬 등 유명 박물관의 작품을 일부 감상할 수 있게 된다.

Золотой мост 금각교 :
승리의 'V' 모양을 한 위풍당당한 자태!
금각만을 가로지르는 금각교는 2012년 APEC 정상회담 개최 직전 완성되었다.
사장교의 길이로만 보면 737m로 세계 9위! 금각교 덕분에 먼 길을 출퇴근했던 많은
현지인의 교통 편의가 좋아졌다.

테라스를 넘어가지 마세요! :
독수리 전망대의 테라스는 다소 허술해 보인다. 최근 많은
여행객이 테라스 바깥으로 넘어가 사진을 찍는데, 안전장치가
없어 사고의 위험이 크다. 멋짐보다는 안전!

DON'T MISS

먹는 즐거움과 보는 감동을 함께! 도시의 높은 곳에서 금각만을 배경으로 행복을 먹어 봅시다.

Del Mar 델 마르

도시의 오랜 패밀리 레스토랑. 화려함이나
세련미보다는 깔끔하고도 고급스럽다. 멀리
보이는 금각교, 가톨릭 성당, 바다를 감상하며
맛있는 요리를 음미해 보자. 주말 저녁에는
빛의 조명과 함께 라이브 공연이 있다.

Ⓐ ул. Всеволода
Сибирцева, 42
Ⓖ 43.11766, 131.91124
Ⓣ (423) 272-72-35
Ⓗ 11:00-02:00
Ⓟ 해산물 구이 ₽810~, 샐러드 ₽600~
Ⓦ www.delmar-vl.ru
Ⓘ @delmar_vl

Панорамный ресторан Высота 파노라마 레스토랑 브이쏘따

블라디보스톡 가장 높은 곳의 고급 레스토랑. 창밖 금각교 풍경은 구름 위를 걷는 듯
황홀하다. 음식도 맛있고, 감미로운 음악 연주와 분위기에 취한다. 독수리 전망대 근처
주황색 건물 꼭대기에 있는데, 아파트 건물이라 벨을 누르고 현관으로 들어가야 한다.
엘리베이터 타고 맨 위층(17층)에 내려서 2개 층을 계단으로 더 오르면 도착. 금각교가
바로 보이는 창가 2인 좌석은 예약이 필요하다.

Ⓐ ул. Аксаковская, 1(19층)
Ⓖ 43.119395, 131.895420
Ⓣ (423) 202-53-96
Ⓗ 13:00-24:00
Ⓟ 파스타 ₽650~, 스테이크 ₽700~
Ⓦ www.vysota207.ru
Ⓘ @vysota_207
Ⓜ Map → 3-E-2

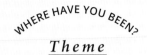
Theme

Набережная & Маяк

또 다른 바다를 만나다: 황태자 해안로 & 토카렙스키 등대

시내에서 좀 색다른 분위기로 바다를 만나고 싶다면?
인공 조형물과 자연이 어우러져 묘한 매력을 발산하는 황태자 해안로와 토카렙스키 등대에 가 보자.
사람과 자연의 위대함을 동시에 느끼게 될 것이다.

THEME 02 : 황태자 해안로 & 토카렙스키 등대

Набережная Цесаревича 황태자 해안로

블라디보스톡에서 각광받고 있는 '제2의 스포츠 해안로'! 아름다운
금각교를 가장 가까이 감상할 수 있는 젊은 휴식처이다. 바다 위 조선소
'달자봇(Дальзавод)'의 기공식이 있던 1891년, 당시 황태자였던 러시아
제국의 마지막 황제 니콜라이 2세가 직접 참석한 것을 계기로 이곳에는
'황태자'라는 이름이 붙었다. 그로부터 125년이 지난 2012년 10월, 황태자
해안로가 탄생했다. 스포츠 해안로와는 달리 널찍한 이곳은 금각교를
배경으로 산책하거나 자전거, 인라인스케이트를 타기 좋다. 아이들을 위한
선박 모양의 놀이터도 있다.

Ⓖ 43.113071, 131.901019 Ⓜ Map → 3-F-3

기찻길 산책 :
황태자 해안로 가까이 기찻길이 지난다.
잠수함 박물관 앞에서 기찻길 따라 거대한 금각교를 바라보며
해안로까지 산책하는 것도 나름대로 느낌 있다.

황태자 해안로 근처 동상 둘러보기 :

황태자 해안로 위쪽 스베틀란스카야 거리를 따라 금각교 주변을 여유롭게 거닐어 보자.
곳곳의 동상에 고스란히 남아 있는 러시아 사람들의 역사관에 감동하게 될 것이다.

Памятник морякам торгового флота 상선 선원 동상

대조국 전쟁에서 상선의 역할은 컸다. 소련 상선이 무기를 싣고 미국에서 블라디보스톡, 무르만스크까지 운반해 왔는데, 당시 희생자만 수백 명이었단다. 금각교 아래에 이들을 기리는 동상이 있다.

Ⓖ 43.113421, 131.896963　Ⓜ Map → 3-E-3

Памятник Адмиралу Невельскому 니벨스코이 동상

니벨스코이는 19세기 극동 탐험가로, 동시베리아 총독 무라비요프와 함께 이곳이 러시아 땅이 되는데 일조했다. 도시에서 첫 번째로 세워진 동상으로, 꼭대기에 쌍두독수리, 바다 방향엔 니벨스코이가 있다.

Ⓖ 43.113625, 131.897950　Ⓜ Map → 3-F-3

Мемориал Русско-японской войны 러일전쟁 추모비

방패와 칼로 무장한 금빛 천사. 1904~1905년 러일전쟁에서 전사한 선원과 군인들의 용기를 기억하고자 태평양 함대 설립 250주년을 맞이하여 세웠다. 러일전쟁 추모비로는 연해주 최초라고 한다.

Ⓖ 43.114262, 131.900198　Ⓜ Map → 3-F-3

Токаревский Маяк 토카렙스키 등대

블라디보스톡 서남쪽 쉬코트 반도 갈고리 땅끝을 지키는 독보적인 랜드마크! 1876년 태생의, 극동 지역에서 가장 오래된 등대이다. 팔각기둥 위 둥근 석조 탑 구조로 높이 12m에 달하는 지금의 모습은 1910년 완성되었다. 멀리서 보면 너무나 작지만 새빨간 지붕이 유난히 눈에 띈다. 뱃길 밝히는 강한 녀석. 저 멀리 루스키섬과 다리, 블라디보스톡 항구까지 파노라마가 펼쳐진다. 연해주 근방 표트르 대제만을 탐험한 구스타프 에게르셸드(Gustav Egersheld)의 이름을 따서 '에게르셸드 등대'라고도 부른다. 여행자들이 일컫는 '마약(МАЯК)'은 러시아어로 '등대'라는 뜻.

Ⓐ 대중교통으로 가기는 다소 불편하다. 알레우츠카야 거리 19번가(ул. Алеутская, 19) 앞 정류장에서 59, 60, 81 버스 중 하나를 타고 종점(МАЯК 마약)에 내려, 차도를 따라 30분 이상을 더 걸어야 한다. 택시로 다녀오는 것이 여러모로 편하다.
Ⓖ 43.07313, 131.84317

DON'T MISS

등대는 타이밍!

차를 타고 와도 등대까지는 걸어서만 갈 수 있다. 등대 앞 진입로는 밀물 때 바닷물로 덮였다가, 썰물 때 걷힌다. 그만큼 방문 타이밍이 중요하다. 물길이 열려 있을 때만 등대 바로 앞까지 갈 수 있으니 말이다. 무작정 갔는데 진입로에 물이 안 찼다면 그날은 운수 좋은 날. 매일 바뀌는 물때는 밀물과 썰물 높이 예보 사이트를 통해 확인할 수 있다.
www.tide-forecast.com/locations/Vladivostok/tides/latest

PLUS INFO

겨울 바다 즐기기

부동항이 무색하게 겨울 블라디보스톡의 바다는 얼어붙는다. 12~2월 두껍게 언 바다 위를 걷는 것도 색다른 즐거움이 되어 줄 것이다.

❶ 얼음수영, 모르쉬 Морж

얼음수영, 생각만 해도 아찔하다! 러시아에선 겨울 수영 즐기는 사람을 '모르쉬(морж)'라고 부른다. 모르쉬 클럽이 있을 정도로 이들은 열정적이다. 매년 1월 19일 유빌레이니 해변 얼음 트랙에서는 정교회 풍습에 따라 사람들이 죄를 씻어내기 위해 몸을 담근다.

❷ 얼음낚시

얼음낚시는 블라디보스톡 사람들의 겨울나기 생활 중 하나이다. 바다가 단단히 얼면 낚시꾼들은 삼삼오오 자리를 잡고 얼음에 구멍을 뚫어 물고기 낚는 진풍경을 펼친다. 주로 빙어와 별미, 꼬류쉬까(корюшка)가 많이 낚인다.

Русская баня

뜨겁거나 차갑거나, 러시아 바냐

러시아에 왔다면 빠질 수 없는 뜨끈뜨끈 바냐! 아무리 거친 한파도 바냐로 이길 수 있다. 때로는 가족 단위로, 때로는 비즈니스 파트너와 후끈한 가운데 허심탄회 이야기를 나눌 수 있는 곳, 한 번도 못 가 본 사람은 있어도 한 번만 간 사람은 없다!

Комната отдыха 거실
쉬어가는 공간. 더웠다 추웠다 몸의 기운이 빠지면 여기서 한숨 돌린다. 음식을 먹기도, 러시아식으로 보드카를 마시기도 한다. 단, 지나친 음주는 몸에 부담을 주니 자제할 것.

Моечная 샤워실
몸을 씻어낼 수 있는 샤워 공간. 보통 거실과 사우나실 사이에 있다. 천장에 물통이 달렸다면 줄을 잡아당겨 시원하게 물세례를 받아 보자.

바냐의 구조

러시아 바냐는 조금씩 차이가 있지만,
대부분 비슷한 구조를 가진다.

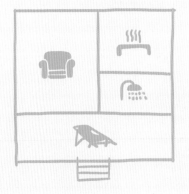

Парная 증기탕(사우나실)
바냐의 하이라이트. 난로(печь)에 불을 때면 뜨거운 증기가 사우나실 온도를 100℃ 이상으로 올린다. 달궈진 돌에 물을 뿌리면 더 뜨거워지는데, 심하면 화상을 입을 수 있으니 주의하자.

냉탕
증기탕에 몸을 달궜으면 바로 냉탕으로! 밖에 강이나 바다가 있다면 바로 뛰어들거나, 겨울에는 눈 위를 구르기도 한다. 주변에 물이 없는 바냐에서는 작은 수영장이 대신한다.

바냐 즐기기
바냐도 방법만 알면 제대로 즐길 수 있다.
철을 단련시키는 과정처럼 뜨겁게 달궜다가 찬물에서
더 단단해지는 원리이다.

 1
덥힌 사우나에 가운이나 수영복
입고 입실. 처음에는 아래 바닥에 앉아
온도에 적응하기.

 2
사우나를 나와 땀과 함께 배출된
노폐물 물로 씻어내기.

 3
거실에서 따뜻한 차를 마시며
몸을 진정시키기.

 4
두 번째 사우나부터 증기탕 돌에 조금씩
물을 부어 열기 올리기.

Tip.

러시아 사람들의 꿀팁! 꿀을 몸에
바르고 사우나에 10~15분 있으면, 피부에
스며든 꿀 덕분에 회춘한다나?

 5
사우나 안에서 한 사람은 엎드리고
다른 사람은 나뭇가지로 다리에서 어깨 방향
2~3회 두드리기. 몸을 뒤집어 반복.

 6
10분 후 사우나를 나와 찬물에 뛰어들기.
이런 과정을 5회 내외로 반복한다.

Tip.

심장이 약한 사람은 따뜻한 물로 씻어내자.
어지러우면 반드시 중간에 쉬어야 한다.
바냐가 끝난 후라도 몸이 정상화될 때까지
충분히 휴식을 취한 후 가는 것이 좋다.

바냐 속 아이템

바냐에 있는 물건들은 언제 어떻게 쓰이는
걸까? 하나하나 제대로 알고 사용해 보자.

1. Веник 베닉
말린 나뭇가지 묶음

필수품으로 증기탕에서
몸을 때리면 나무의 은은한
향도 퍼지고 한층 개운하다.
나무마다 효능이 다른데,
자작나무(берёза)는
근육통, 관절통 완화에,
참나무(дуб)는 혈압, 피부에
좋다.

2. Шапка для бани
샤쁘까 들랴 바니 바냐용 모자

얇고 부드러운 둥근
바냐 모자는 증기탕에서
쓴다. 천장으로 오르는
뜨거운 공기로부터 머리를
보호하려면 모자 착용을
권한다.

3. Черпак 치르빡, Ковш 꼽쉬 바가지

바가지 용도도 제각각이다.
보통 손잡이 긴 작은
바가지(черпак)는 사우나
온도 올릴 때 물을 붓기
위해 사용하고, 조금 큰
바가지(ковш)는 몸에 물을
끼얹을 때 쓴다.

4. Полотенце 빨라쩬쩨 수건, Тапочки 따뻐치끼 슬리퍼

수건은 사우나에 들어갈 때
몸을 감싸거나 바닥 깔개
용으로 사용한다. 또 바냐
안에서는 가급적 슬리퍼를
신고 다니는 것이 좋다.

Tip. 바냐 용품 챙기기

바냐 용품은 기본적으로
제공되기도 하지만,
아이템에 따라 추가
비용이 발생하기도 하니 잘
확인하자. 수영복과 음료,
세면도구는 각자 준비해
가자.

PLUS INFO

❶ 역사도, 의미도 깊은
러시아식 사우나
바냐는 고대 루스 시절부터
있었는데, 원래 몸과 영혼을
깨끗하게 하는 신성한 장소였다고.
지금은 우리네 사우나처럼 일상의
목욕 장소가 되었다.

❷ 바냐, 제대로 하고 싶다면?
전통 바냐는 나무를 때는 방식으로
대부분 교외에 있다. 바냐의 기운을
온전히 느끼는 가장 좋은 방법은
뜨거운 열기 품고 바로 강과 바다로
뛰어드는 것! 도시의 현대식 바냐는
자연 냉탕의 맛은 없어도 역시
색다른 체험이 된다.

전통식 바냐, 바다와 함께 즐기려면?

Tip.

예약은 필수!
인터넷(영문)으로 예약
현황을 확인할 수 있다.
미리미리 준비하자.

Баня Море 바냐 모레

토카렙스키 등대 근처 휴양지에 위치한 바다 바라기 통나무집. 사우나 후
바다에 들어갈 수 있는데, 파도가 거세면 구경만 해야 할지 모른다. 바냐는
4인실, 6인실, 8인실 세 종류. 택시로 가면 휴양지 구역으로 들어가는데, 길이
안 좋고 추가 비용이 발생할 수도 있다. 카드는 받지 않으니 현찰을 준비하자.

Ⓐ Токаревская кошка, 1, Пляж центральный на мысе Токаревского
Ⓖ 43.087603, 131.848512　Ⓣ (423) 250-20-55　Ⓗ 24시간
Ⓟ 4인실 ₽1,500/시간, 6인실 ₽1,800/시간, 8인실 ₽2,000/시간
Ⓦ banyamore.com　Ⓘ @bani_mayak

Tip.

예약은 이메일
(info@mynovik.ru)로
할 수 있으며, 기본 2시간
이상이다.

Novik Country Club 노빅 컨트리 클럽 바냐

루스키섬 명소, 노빅 컨트리 클럽(p.122)에 있는 바냐. 노빅만의 조용한
휴양지라 작은 규모에 비해 비용은 좀 비싼 편. 바냐는 4인실, 수건과
나뭇가지 1개가 제공된다. 베란다에서 바다로 입수할 수 있는데, 수심이
무려 4m!

Ⓐ о. Русский, бухта Новик, Мелководный посёлок, 2ст5
Ⓖ 43.012858, 131.886687　Ⓣ (423) 200-35-22
Ⓟ ₽5,000/2시간(4인실, 초과 시 1인당 ₽500/시간 추가)
Ⓜ Map → 5-A-4

DON'T MISS

숲과 함께 즐기는 바냐
Три богатыря 뜨리 바가띠랴(세 영웅)
바다 말고 숲에서 하는 바냐. 시내에서 북으로
10km 거리, 통나무집이 여러 채이다. 예약은 필수.

Ⓐ проспект 100-летия Владивостока, 182
(기차역에서 45, 112, 114т번 버스 이용)
Ⓖ 43.18924, 131.92569　Ⓣ (423) 231-06-84
Ⓟ 5인실 ₽900~1,300, 8인실 ₽2,000~2,200
Ⓦ www.3bogatirya.com

Вокзал & Храм

러시아스러움의 절정:
블라디보스톡 기차역 & 빠끄롭스키 사원

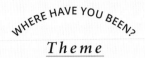

블라디보스톡에서 가장 '러시아스러운' 곳은 어디일까?
단연 블라디보스톡 기차역과 빠끄롭스키 정교회 사원을 꼽는다.
기차역은 러시아의 스토리를 담고 있고, 정교회는 러시아인 정신의 바탕이 되기 때문이다.

ЖД вокзал Владивосток
블라디보스톡 기차역

17세기 러시아 양식으로 지어진 화려함! 횡단 철도 종착역인 모스크바 야로슬라블 역사와 똑 닮았다. 내부는 제정 시절 느낌으로 마지막 황제의 얼굴도 볼 수 있다. 천장 그림에는 쌍두독수리를 기준으로 한쪽은 모스크바, 다른 쪽은 블라디보스톡이 있다. 9,288km의 시베리아 횡단 철도는 모든 여행자들이 달려보고 싶은 꿈이자, 러시아인 삶이 녹아 있는 여정이다. 근교행 티켓은 1층에서 구매할 수 있으며, 더 먼 도시까지 가려면 아래층 매표소를 이용하면 된다.

Ⓐ ул. Алеутская, 2 Ⓖ 43.111278, 131.881616
Ⓣ (423) 224-80-05 Ⓜ Map → 3-B-4

> **Tip.**
>
> **기차역 플랫폼, 이제는 맘대로 못 나가요!**
> 이제는 열차 탑승객이 아닌 일반 관광객들은 기차역 플랫폼에 나가 구경하려면 일정 금액(P150~250)을 지불하고 역 안내원이 동행해야 한다. 기차역 내 작게 위치한 투어 오피스(Excursion office) 데스크에 문의하자.
> Ⓣ (914) 791-42-02

a. Километровый столб 9288
9,288km 기념비

증기기관차 맞은편 쌍두독수리 기둥은 블라디보스톡-모스크바 철로 길이가 9,288km임을 보여준다. 반대로 모스크바에는 0km 표식이 있다. 기차역 재건 시기인 1996년에 세운 이 숫자 기념비는 열차 여행자들의 상징적인 사진 배경이다.

Ⓖ 43.112310, 131.882239 Ⓜ Map → 3-B-4

b. Паровоз Еа-3306
증기 기관차

기차역 플랫폼에는 거대한 검은색 옛 증기 기관차가 있다. 당연히 소련의 것으로 생각할지 모르나, 1945년 무기대여법에 따라 미국산을 들여온 것이란다. 반세기 동안 군수물자와 생활 물자를 운송해 오다가 1995년부터 이곳에 전시되고 있다.

Ⓖ 43.112018, 131.882066 Ⓜ Map → 3-B-4

Владивостокский морской вокзал
블라디보스톡 해양터미널

육로와 해로가 만나는 물류의 요충지. 철로는 유럽으로,
바닷길은 태평양으로 뻗어 나간다. 한창 시즌에는 여객선과 대형
크루즈 출입이 많다. 바다 방향의 문을 열고 나가면 시원스러운
풍경이 펼쳐진다. 터미널 건물에는 각종 상점, 레스토랑 등이
입주해 있다.

Ⓐ ул. Нижнепортовая, 1
Ⓖ 43.111629, 131.883068　Ⓜ Map → 3-B-4

Станция Владивосток
블라디보스톡 전철역

공항철도를 탈 수 있는 곳. 해양터미널 가는 길목 초입에 있다. 공항이나 일부
근교행은 이곳에서 지상 전철을 이용하면 된다. 공항행 열차는 하루에 5번만
운행되고 있다.

Ⓐ ул. Алеутская, 4　Ⓖ 43.112082, 131.881547
Ⓣ (423) 224-80-05　Ⓜ Map → 3-B-4

Улица Алеутская
알레우츠카야 거리

시내 북쪽에서 기차역까지 도시 위아래로 뻗은 알레우츠카야
거리는 원래 1923~1992년까지 '10월 25일 거리'였다. 1922년
러시아 내전이 끝나고 극동의 군대가 도시에 입성한 10월
25일을 기념한 것. 지금의 거리명은 19세기 중반 극동 해안을
탐험한 '알레우트' 배 이름에서 왔다.

Ⓖ 43.1122, 131.88108　Ⓜ Map → 3-B-3

NEARBY

Серая Лошадь 회색 말 건물

알레우츠카야 거리에서 강한 소련의 향을 뿜어내는 건물 17, 19번가. '회색 말'로 불리는데
이 중 17번 건물을 주목하자. 1939년 스탈린 양식으로 지은 건물의 꼭대기에는 네 개의
동상이 서 있다. 붉은 군인, 여류 비행가, 여자 농부, 광부 등 전형적인 사회주의 아이콘이다.

Ⓐ ул. Алеутская, 17　Ⓖ 43.114718, 131.881425　Ⓜ Map → 3-B-3

Покровский храм
빠끄롭스키 사원

공원을 지키는 웅장한 러시아 정교회 사원. 많은 신자들이
이곳에서 기도하고 소원을 빈다. 빠끄롭스키 사원은 1902년
세워졌다가, 소련 때 철거된 후 2008년 재건되었다. 금빛,
푸른빛의 둥근 지붕이 아름답고 내부 성화도 경이롭다.

Ⓐ Океанский проспект, 44　Ⓖ 43.124573, 131.889496
Ⓗ 08:00-18:00　Ⓜ Map → 4-A-2

PLUS INFO

부활절 풍경 Пасха :

러시아 정교회의 부활절(Пасха 빠스하),
축하 예배를 드리고 성수를 뿌린다.
예배 후에는 모두 'Христос Воскрес!
흐리스또스 바스끄레스(예수가 부활하셨다)!'
라고 외치며 아께안스키 대로를 행진한다.

Tip. 부활절 빵

러시아인의 부활절 맞이 빵
'꿀리치(кулич)'는 사도들 식탁에 예수께
드리는 빵이 놓인 것에서 유래해 '주님이
집에 계심'을 상징한다. 원통형 꿀리치의
윗부분은 달콤한 코팅이 덮여 화려하다.

Покровский парк
빠끄롭스키 공원

블라디보스톡 시내 북쪽 고즈넉한 푸른
오아시스. 19세기 말까지 묘지였던 이곳이
지금은 아이들, 중년의 커플, 가족 단위 모두의
사랑받는 휴식처다. 사람의 손이 덜 간 듯한
나무의 울창함 속에서 여유롭게 산책도 하고
벤치에 앉아 쉬며 소소한 행복을 느껴본다.

Ⓐ Океанский проспект, ул. Октябрьская 사이
Ⓖ 43.125426, 131.891792　Ⓜ Map → 4-A-2

a. Памятник Святым Петру и Февронии 부부 수호 동상

공원 발코니 쪽에 사이좋게 서 있는 성 표트르와
페브로니야(Святые Пётр и Феврония) 동상이 있다.
부부와 가족을 수호하는 전설 속 인물로, 이들을 만나기만
해도 가족이 행복해지는 느낌이다.

Ⓖ 43.124948, 131.892010　Ⓜ Map → 4-B-2

b. Памятный камень 푸시킨의 돌

공원 산책로 대리석에 글귀가 새겨 있다. '우리에겐 두
개 감정이 놀랍도록 밀접하다'로 시작하는 푸시킨의
시로, 지금은 공원인 이곳이 옛날엔 묘지였음을 영원히
기억하겠단 메시지를 남긴다. 푸시킨의 조카 손자도 여기
묻혔었다고 한다.

러시아 정교회 들여다보기

러시아 정교회는 무언가 독특하다. 사원의 경건한 분위기에 압도되지만, 무엇을 어떻게 봐야 할지 잘 모르겠다면?
약간의 이해만 하고 간다면 이제 사원 구경이 더 이상 지루하지 않을 것이다.

러시아 정교회의 기원

정교회는 러시아인 70% 이상이 믿는 국교. 988년 키예프 공국 블라디미르 대공이 나라의 통합을 위해 비잔틴에서 처음 받아들였다. 덕분에 동방 정교회 문화가 유입되고, 이미 9세기 전도를 위해 창제된 문자도 보급됐다. 그러나 1453년 비잔틴이 패망하자 모스크바가 '제3의 로마'로 정교회 수장을 자처하였고 점차 차별성을 나타내게 되었다. 소련 시절 종교 박해도 있었으나, 러시아 정교회는 여전히 러시아의 핵심 문화이다.

정교회 성당의 기본 구조

정교회 성당은 규모와 색감이 저마다 다르지만, 구조는 대부분 비슷하다. 입구를 들어가면 밀랍 초, 이콘 등 성당 용품 판매대가 있고 바로 예배 공간이 펼쳐진다.

```
            지성소
  제단
            제단탁자

     북문    황제의 문    남문
         이코노스타스
  성가대석           성가대석
            설교대
          예배 공간
```

❶ 이코노스타스(иконостас)
가장 러시아적 특징을 보이는 정교회 성화(聲畵)벽. 지성소와 회중 공간을 구분해 준다. 정면의 크고 화려한 벽 가운데로 '황제의 문'이 있는데, 그 좌측엔 성모 마리아, 우측으로 예수의 이콘이 있다. 보통 5개 층으로 구성된 이코노스타스는 사도, 예언자, 예수 일대기 등의 이콘으로 가득하다.

❷ 제단(алтарь)
성화벽 너머 지성소 공간으로 가운데 높은 탁자가 있다. 예배가 진행되는 과정에서 주교가 황제의 문을 통하여 출입한다. 제단은 항상 성스럽게 여기는 '동쪽'을 향하고 있다.

❸ 강단(солея)
이코노스타스 앞 회중 방향으로 나 있는 단으로, 중앙에는 예배를 위한 설교대(амвон)가, 좌측과 우측에는 성가대석(клирос)이 있다.

정교회, 이런 게 다르다!

기본적으로 러시아 정교회는 자기만의 색이 뚜렷하다. 가톨릭과 비슷한 듯 다른 점들이 꽤 많다.

❶ '오른쪽' 종교
러시아어로 정교회는 '쁘라바슬라비에(православие)'로 '오른쪽, 정통(право)'의 뜻을 포함한다. 성호도 왼쪽 어깨를 먼저 긋는 가톨릭과 달리 정교회는 세 손가락을 모아 머리-가슴-오른쪽 어깨-왼쪽 어깨 순으로 긋는다.

❷ 의자가 없다
정교회 성당엔 의자 하나 없다. 성당은 주님 앞에 나와 자신의 죄에 용서를 구하고 섬기는 장소로, 성도들의 서서 드리는 예배도 작은 헌신으로 본다. 모두가 선 채로 예배하고 기도한다.

❸ 오르간이 없다
러시아 정교회 성가는 한 번 들으면 매료된다. 오르간 없이 아름다운 인간의 목소리로만 부르는 아카펠라는 높은 성당 천장까지 올라가 천상의 아리아처럼 울려 퍼지기 때문이다.

❹ 조각상 대신 이미지
가톨릭은 성모의 '성상(聖像)' 중심이다. 반면, 러시아 정교회의 성스러운 이미지 '이콘', 즉 성화는 성서를 보고 예배를 드리게 하는 중요한 매개이다. 성도는 이콘에 키스하고, 초를 밝히며 기도를 한다.

❺ 십자가가 다르다
보통의 십자가에 위아래로 두 획이 더 있다. 위쪽 추가 획은 십자가에 못 박힌 예수 머리 위 '유대인의 왕 나사렛 예수' 팻말을, 아래 획은 예수의 발 받침과 양쪽에 매달린 죄수들을 상징한다.

❻ 달력이 다르다
천주교와 기독교는 그레고리력을 따르지만, 정교회에서는 초대 교회의 율리우스력을 따르고 있다. 율리우스력이 그레고리력보다 13일 더 늦기 때문에, 러시아에서는 크리스마스(1월 7일)를 신년 초, 항상 더 늦게 축하한다.

❼ 통일성 속 다양성
가톨릭은 로마 교황 중심이다. 하지만 정교회의 경우 콘스탄티노플 총대주교가 있기는 해도 그는 동등한 자들 중 첫째일 뿐이다. 또한 정교회는 지역별 다양성과 독립성을 인정한다. 이를테면, 정교회가 뿌리내리는 곳이 러시아면 '러시아 정교회', 한국이면 '한국 정교회'가 되는 것이다.

> **Tip. 성당에서 지킬 것!**
>
> 1. 성당은 신성한 곳. 짧은 치마나 반바지는 입장이 제한된다. 여성이라면 천이나 스카프로 머리를 감싸는 것이 예의. 입구에 구비된 경우도 있다.
> 2. 유명 성당은 플래시 사용 없이 사진 찍는 것을 허용하고 있지만, 원칙적으로 성당 내 촬영은 금하고 있다. 사진을 꼭 찍어야 한다면 미리 관리인에게 양해를 구하자.
> 3. 현지 사람들이 경건한 마음으로 예배드리고 소원을 비는 곳이다. 정숙하면서 그들과 함께 기도드려 보는 것도 좋은 체험이 될 것.

Экскурсия по памятникам города

인물과 함께 도시를 거닐다

동상의 나라 러시아! 가는 곳마다 이름 모를 동상이 많다.

그중에서 뜬금없이 세워진 건 하나도 없다. 유명 인사에서부터 혁명 용사에 역사 속 공직자까지,
다양한 동상 주인공의 이야기도 알아야 사진 찍는 의미가 있겠다.

THEME 05 : 인물과 함께 도시를 거닐다

Ул. Алеутская
알레우츠카야 거리

Памятник В. И. Ленину
레닌 동상

'소련' 하면 떠오르는
레닌(1870~1924).
그의 흔적은 러시아
곳곳에서 쉽게 발견된다.
블라디보스톡 기차역 건너편 레닌 동상은 1930년
만들어졌는데, 연해주에 현존하는 것 중 최고로
손꼽힌다. 레닌이 손으로 멀리 가리키는 것은 밝은
미래를 상징한다고 한다.

Ⓐ ул. Верхнепортовая, 2Г
Ⓖ 43.111582, 131.880057 Ⓜ Мар → 3-B-4

Памятник Юлу Бриннеру
율 브린너 동상

젊은 세대는 잘
모른다. 민머리에
당당한 자태의 그는
블라디보스톡 출신 영화배우
율 브린너(1920~1985). 몽골의 피가 흐르고 있는 그는
영화 <왕과 나>(1956)에서 태국 왕 역할로 아카데미
남우주연상을 받았다. 동상 뒤로 그가 유년 시절을 보낸
생가가 있다.

Ⓐ ул. Алеутская, 156 Ⓖ 43.114214, 131.881500
Ⓜ Мар → 3-B-3

Ул. Набережная
해안 거리

Памятник С. О. Макарову
마카로프 동상

바다와 관련된 사람일 것
같은 포즈, 아무르만을
바라보는 늠름한 동상의
주인공은 러시아 해군이자 탐험가,
해양학자인 스테판 마카로프(1863~1904)이다. 그는
어뢰 수송선을 발명했고 군사학에 능통한 전문가였는데,
러일전쟁 중 전사했다.

Ⓐ ул. Набережная Ⓖ 43.116071, 131.877094
Ⓜ Мар → 3-A-3

Памятник А. П. Чехову
체홉 동상

가장 최근(2018년
7월) 세워진 동상.
러시아 유명 극작가 안똔
체홉(1860~1904)은 1890년
사할린섬에 갔다 돌아오면서 블라디보스톡에 5일
머물렀다. 그 당시 시간들은 이후 체홉 작품에 많은
영향을 주었다. 3D 프린터로 제작된 최신식 동상이라고
한다.

Ⓐ ул. Набережная, 10 Ⓖ 43.114601, 131.875242
Ⓜ Мар → 3-A-3

Парк Суханова 수하노프 공원

수하노프 공원 한켠에 옛날
러시아 책들이 가득한 빈티지한 책장이
덩그러니 있어 이색적이다.
그냥 구경하거나 사진 찍는 것만으로도
멋스러움을 준다.

ул. Суханова
수하노바 거리

Памятник К. А. Суханову
수하노프 동상

얼굴만 있는
동상의 주인공은
혁명가 콘스탄틴
수하노프(1894~1918).
사회민주노동당 입당 후 이 도시에서 사회주의 혁명을
주도했으나, 스물넷에 총살당했다. 지금은 그의 이름을
딴 거리와 공원, 유년 시절 집 박물관이 그를 기억한다.

Ⓐ ул. Суханова, 1 Ⓖ 43.118200, 131.891770
Ⓜ Map → 3-D-2

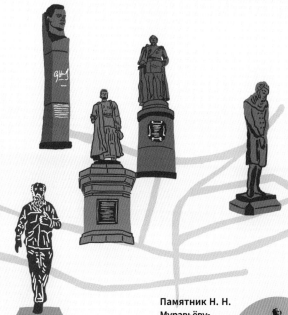

Памятник Н. Н. Муравьёву-Амурскому
무라비요프-아무
르스키 동상

니콜라이 무라비요프-
아무르스키(1809~1881)
백작은 '극동 러시아'를 있게 한 장본인으로, 19세기
동시베리아 총독이다. 제복을 입은 그는 멀리 금각만을
내다보며 한 손엔 아이훈 조약 두루마리를 들고 있다.
동상은 그의 묘지 옆에 2012년 세워졌다.

Ⓐ ул. Суханова, ул. Лазо 사이 Ⓖ 43.116675, 131.894785
Ⓜ Map → 3-E-2

ул. Светланская
스베틀란스카야 거리 근처

Памятник С. Г. Лазу
라조 동상

세르게이
라조(1894~1920)는
레닌과 만난 이후
시베리아와 극동지역 혁명
활동을 전개했다. 1919년
연해주 군사혁명 사령관이 된 그는 스물여섯에 내전
중 일본군 체포로 백군에게 넘겨져 기관차 화실에서
산 채로 불타 죽은 것으로 알려진다. 그 기관차는
우수리스크에 전시되어 있다.

Ⓐ ул. Светланская, 47 Ⓖ 43.115, 131.893
Ⓜ Map → 3-E-3

Памятнк А. И. Солженицыну
솔제니친 동상

해안도로 군함
앞으로 서 있는 동상은
바로 1970년 노벨
문학상을 수상한 알렉산드르
솔제니친(1918~2008)이다. 그는 소련의 체제를
비판하여 1974년 추방됐다가 1994년 블라디보스톡을
통해 다시 고국으로 돌아왔다. 동상이 내디디고 있는
오른발은 그 감격 순간을 의미한다.

Ⓐ ул. Корабельная набережная, 6А 근처
Ⓖ 43.112806, 131.890946 Ⓜ Map → 3-D-3

Памятник А. С. Пушкину
푸시킨 동상

러시아 문학의
거장 알렉산드르
푸시킨(1799~1837)은
이 도시와 직접적 인연은
없지만, 그의 거리와 극장이 있고 1999년에는 동상도
세워졌다. 책을 덮고 고개 숙여 생각에 잠긴 듯 동상의
포즈가 다소 독특한데, 이는 그의 문학적 천재성을
상징한단다.

Ⓐ ул. Пушкинская, 27 Ⓖ 43.115653, 131.900219
Ⓜ Map → 3-F-3

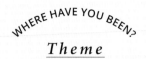

Theme

Культурная жизнь Владивостока

눈도 마음도 풍족한 블라디보스톡 문화생활

러시아는 문화예술 강국이다. 블라디보스톡에 왔다면 무조건 극장, 미술관, 박물관에 가야 한다.
규모는 작지만, 그들이 향유하는 고전적인 분위기에 매료될 것이니!

THEME06 : 눈도 마음도 풍족한 블라디보스톡 문화생활

Museum

Приморский музей им. В. К. Арсеньева
아르세니예프 연해주 박물관

극동 최고(最古) 박물관으로, 19세기 말 20세기 초 탐험가 블라디미르 아르세니예프의
이름을 땄다. 본관 건물은 19세기 양식으로 한껏 멋을 드러낸다. 1층에 발해(Бохай)
유물이 있어 반갑다. 위층에 올라가면 연해주 역사부터 도시의 일대기를 훑을 수 있으며
우체국 옆 동상의 주인공, 엘레아노르 프레이의 특별관도 있다. 입구에 한국어 팸플릿이
있으니 참고할 것. 시내 다른 테마 분관들도 추천한다.

Ⓐ ул. Светланская, 20 Ⓖ 43.11633, 131.88212
Ⓣ (423) 241-11-73 Ⓗ 10:00-19:00(매표소 18:30까지) Ⓟ 성인 ₽400, 학생 ₽200
Ⓦ www.arseniev.org Ⓜ Map → 3-B-2

아르세니예프 박물관 분관
Музей города 도시 박물관 Ⓐ ул. Петра Великого, 6 Ⓖ 43.11379, 131.89264 Ⓜ Map → 3-D-3
Дом Чиновника Суханова 수하노프의 집 박물관 Ⓐ ул. Суханова, 9 Ⓖ 43.11725, 131.89506 Ⓜ Map → 3-E-2
Дом путешественника Арсеньева 아르세니예프의 집 박물관 Ⓐ ул. Арсеньева, 7б Ⓖ 43.11208, 131.87496
Ⓜ Map → 3-A-4

Performing Arts

Приморская краевая филармония
연해주 필하모니 극장

1939년에 지어진 오랜 역사의 극장이다.
국내외 수준급 공연들이 이곳에서
펼쳐진다. 두 개의 홀이 있는데, 규모가 크진
않지만 오래된 아름다움과 소박한 화려함
속에서 오케스트라 연주를 집중적으로
감상하기엔 딱 좋다.

Ⓐ ул. Светланская, 15 Ⓖ 43.11641, 131.88305
Ⓣ (423) 226-40-22 Ⓗ 10:00-20:00(14:00-15:00 휴식)
Ⓦ www.primfil.ru Ⓜ Map → 3-B-2

Мариинский театр Приморская сцена
마린스키 극장 연해주 무대

네모난 유리 '큐브 속 큐브' 현대적 모습의 극장.
2013년 설립되었고, 2016년 상트페테르부르크 마린스키
연해주 무대가 되었다. 금각교 보이는 최고의 위치에,
최신의 음향 시스템이 수준급 공연을 더욱 빛나게 한다.
전문가들은 이곳을 러시아 10대 극장 중 한 곳으로
손꼽는다.

Ⓐ ул. Фастовская, 20 Ⓖ 43.10072, 131.8985 Ⓣ (423) 200-15-15
Ⓗ 10:00-21:00 Ⓦ prim.mariinsky.ru

Movie Theater

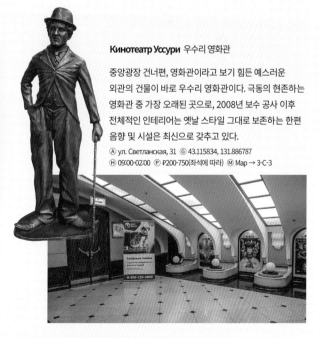

Кинотеатр Уссури 우수리 영화관

중앙광장 건너편, 영화관이라고 보기 힘든 예스러운
외관의 건물이 바로 우수리 영화관이다. 극동의 현존하는
영화관 중 가장 오래된 곳으로, 2008년 보수 공사 이후
전체적인 인테리어는 옛날 스타일 그대로 보존하는 한편
음향 및 시설은 최신으로 갖추고 있다.

Ⓐ ул. Светланская, 31 Ⓖ 43.115834, 131.886787
Ⓗ 09:00-02:00 Ⓟ ₽200-750(좌석에 따라) Ⓜ Map → 3-C-3

Кинотеатр Океан 아께안 영화관

멀리서도 돋보이는 언덕 위 원통 모양의 영화관은 저녁마다
화려한 조명으로 장식된다. 극동에서 가장 큰 규모를 자랑하며
시설 수준이 우리나라만큼 좋은 데다, IMAX관도 있다.
국제영화제 등 다양한 행사가 있을 때 이곳이 빠지지 않는다.

Ⓐ ул. Набережная, 3 Ⓖ 43.11641, 131.8782
Ⓗ 09:00-02:00 Ⓟ ₽200-750(좌석에 따라) Ⓦ www.illuzion.ru Ⓜ Map → 3-A-2

Gallery

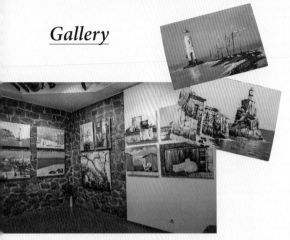

Новая Галерея 노바야 갤러리

작지만 강렬한 인상을 주는, 러시아 공훈 화가
세르게이 체르카소프의 작은 갤러리이다. 그림
대부분이 바다와 블라디보스톡을 배경으로
한다. 평온하고 오묘하게 빠져드는 매력적인
공간. 골목 안쪽에 있어 찾기는 어려워도 입장은
무료이니 구경하고, 작은 기념품 하나 사는 것도
의미 있을 것이다.

Ⓐ ул. Семёновская, 9в Ⓖ 43.119136, 131.882518
Ⓣ (908) 994-58-88 Ⓗ 11:00-18:00
Ⓜ Map → 3-B-2

Приморская Государственная картинная галерея 연해주 국립 미술관

18세기부터 20세기 초까지 러시아 미술을 감상하려면 이곳으로!
전시는 시기마다 바뀌며, 종종 특별전도 열린다. 역사 속 인물
초상화부터 아름다운 풍경화 등 러시아 그림의 고전을 만나 보자.
본관에서는 다소 떨어져 있는 전시 홀은 주로 현대 미술을 다룬다.

Ⓐ 본관 ул. Алеутская, 12 / 전시 홀 Партизанский проспект, 12
Ⓖ 본관 43.11427, 131.88197 / 전시 홀 43.12446, 131.89348
Ⓣ 본관 (423) 241-06-10 / 전시 홀 (423) 242-72-17 Ⓗ 11:00-19:00(매표소 18:30까지, 월 휴관)
Ⓟ 본관 성인 ₽200~250, 학생 ₽150 / 전시 홀 성인 ₽200, 학생 ₽150
Ⓦ www.primgallery.com Ⓜ 본관 Map → 3-B-3 / 전시 홀 Map → 4-B-2

Фабрика Заря 파브리카 자랴

옛 봉제 공장 구역이 예술 및 비즈니스 공간으로
탈바꿈했다. 붉은 벽돌 건물 안에서 예술가들이
작품을 만들고 전시를 연다. 건물마다 테마가
다른데, 현대 예술은 2번 공장(2цех)에서 만날 수
있다. 클로버 하우스에서 41, 102т번 버스를 타고
가면 30분 정도 소요된다.

Ⓐ проспект 100-летия Владивостока, 155
Ⓖ 43.17916, 131.91758 Ⓦ www.fabrikazarya.ru
ⓘ @fabrikazarya

Выставка Союз художников России, приморское отделение
러시아 화가 연합 연해주 전시장

국립 미술관 근처 건물에 'EXHIBITION'이라고
영어로 쓰인, 유난히 눈에 띄는 간판이 있다.
이곳은 러시아 화가 연합 연해주 지부로, 연합
회원들의 따끈따끈한 작품들을 만나볼 수 있다.
시기마다 새로운 주제로 전시된다.

Ⓐ ул. Алеутская, 14а Ⓖ 43.119119, 131.882610
Ⓣ (423) 241-11-94 Ⓗ 10:00-19:00
Ⓟ ₽100 Ⓦ www.artprim.com Ⓜ Map → 3-B-3

АРТЭТАЖ 아트에따쉬 현대 미술관

체홉 소설에도 등장한 19세기 극동 어업의 선도자 영국인 '조지 필립스 덴비'의
집 건물에 있는 현대 미술관. '알렉산드르 고로드니'의 개인 기증 예술품을
입장료 없이 구경할 수 있다. 또한, 매번 기획 전시가 바뀌어 방문할 때마다
색다른 즐거움이있는 곳. 이곳에서 내려다보는 창밖 시내 전경도 작품!

Ⓐ ул. Адмирала Фокина, 25(2~3층) Ⓖ 43.117108, 131.885786 Ⓣ (423) 222-06-59
Ⓗ 수금 10:00-19:00, 토·일 11:00-18:00(월·화 휴무) Ⓜ Map → 3-C-2

러시아 극장 가는 날

보고 싶은 러시아 공연이 있는가? 인터넷이든 오프라인이든 극장 티켓을 예약하자.
단, 무조건 구입하기보다는 관련 지식을 숙지해 두면 목적에 맞는 표를 구할 수 있다.

Tip. 복장 에티켓

극장에 갈 땐 격식을 갖추자. 복장은
남성, 여성 모두 최소한 단정한 세미
캐주얼 정도면 된다. 쪼리나 남성의
경우 반바지는 금지! 추운 날에는 꼭 옷
보관소에 외투를 맡기고 들어가자.

극장 좌석의 종류

러시아 극장은 크기나 인테리어는 조금씩 달라도 좌석 구조는 똑같다. 극장 좌석별 장단점은 무엇일까?

❶ Партер 빠르떼르 | 1층 좌석

무대가 바로 정면 앞쪽 좌석으로, 배우나 연주자의 얼굴이
가까이 보인다. 좌석 중 가장 비싸지만, 위치에 따라 가격
차가 있다. 너무 앞쪽 좌석이 무대보다 낮아 불편하고, 셋째
줄 이후가 적격.

❷ Амфитеатр 암피찌아뜨르 | 반원형 좌석

빠르떼르 뒤쪽 통로에 위치하는 반원형 좌석. 대부분
계단식으로 무대와 눈높이가 비슷해 안정적이고,
무대까지의 거리도 적당한 편이다. 이 중에서도 제일 앞줄이
가장 비싸다.

❸ Бельэтаж 벨에따쉬 | 2층 좌석

프랑스어로 '아름다운 층', 벨에따쉬는 2층에 있다. 무대가
멀어 공연 관람에 망원경이 필요할 수도 있다. 맨 앞줄은
높은 안전용 턱 때문에 시야가 가려져 불편한 자세로 봐야
하므로 가급적 피할 것.

❹ Балкон 발꼰 | 발코니 좌석

벨에따쉬 위층으로, 극장이 클수록 발코니 층수도 많아진다.
가장 저렴한 좌석은 단연 꼭대기 층. 무대에서 멀지만
전체 배우의 움직임을 한눈에 볼 수 있고, 음악의 울림은
최적이다.

❺ Ложа 로좌 | 별실 좌석

독립된 공간에 마련된 좌석. 대부분 무대 양옆 가장자리에
있는데, 층마다 가격은 천차만별이다. 무대와 인접한 곳은
가까워 잘 보이지만, 그저막 뒷줄이면 앞사람 때문에 방해가
된다. 1층의 별실 특별석은 베누아르(Бенуар)라고 칭한다.

PLUS INFO

공연에 따라 좌석 선택만 잘해도 감상의
만족도는 쑥쑥 올라간다.

1. 발레, 연극

배우의 움직임과 연기가 중요하므로, 자세히
관찰하려면 1층 좌석, 반원형 좌석, 별실 좌석이
좋다. 재정 상황에 따라 고르자.

2. 음악 연주회, 오페라

음악에 집중하려면 연주를 깨끗하게 들을 수
있는 발코니 좌석, 2층 좌석이 적절하다.
무대와 너무 가까우면 음이 울려 감상을
방해할 수 있다.

극장 관련 용어

알아듣지 못해도 눈치껏 단어 몇 개만 알면
러시아 문화생활에 많은 도움이 될 것이다.

Касса 까싸 매표소	**Место** 메스떠 좌석	**Антракт** 안뜨락뜨 쉬는 시간
Билет 빌롓 티켓	**Балет** 발롓 발레	**Акт, Действие** 악뜨,
Гардероб 가르제롭 옷 보관소	**Опера** 오뻬라 오페라	제이스뜨비에 막
Номерок 나메록 번호표	**Спектакль** 스뻭따끌 연극	**Картина** 까르찌나 장
Бинокль 비노끌 망원경	**Концерт** 깐쩨르뜨 연주회	**Актёр** 악쪼르 남자 배우
Сцена 스쩨나 무대	**Оркестр** 아르께스뜨르	**Актриса** 악뜨리싸 여자 배우
Ярус 야루스 층	오케스트라	**Режиссёр** 리쥐쑈르 감독
Сектор 섹떠르 구역	**Хор** 호르 합창	**Композитор** 깜빠지떠르 작곡가
Ряд 럇 줄(열)	**Гастроль** 가스뜨롤 초청 공연	**Дирижёр** 지리죠르 지휘자

Theme

Корейская история во Владивостоке

옛 한국을 만나다

블라디보스톡에서 잊힌 애국심을 발견해 보자. 물론 지금은 옛 한인들의 항일운동 흔적이 거의 남아 있지 않아 잘 찾아보고 알아봐야 가능한 일이지만, 알고 보면 여행의 의미가 더 깊어질 것이다.

Улица Пограничная
국경 거리

지금은 수많은 사람이 오가는 번화가에 옛 한인들이 살았단다. 스포츠 해안로와 아르바트 거리 사이 언덕진 '국경 거리'에서 디나모 경기장 쪽으로 1874년 한인촌 '개척리'가 있었다. 마을은 1911년 콜레라를 빌미로 러시아 정부에 의해 철거되어 흔적도 없이 사라졌다.

Ⓐ ул. Пограничная
Ⓖ 43.119029, 131.880222
Ⓜ Map → 3-B-2

a. Памятник в честь 150-летия дружбы российского и корейского народов
러한 우호 150주년 기념비

한인의 러시아 이주 150주년 되던 2014년을 기념하려 자매도시 공원 초입부에 기념비 하나가 세워졌다. 비석에는 이곳 국경 거리가 1864~1941년에 '한국 거리'였다고 밝히고 있다.

Ⓖ 43.118889, 131.880278 Ⓜ Map → 3-B-2

b. Сквер Городов-побратимов
자매도시 공원

블라디보스톡과 자매결연 맺은 도시들이 기록된 공원. 자매도시인 우리나라 부산과 인천이 적힌 문을 찾아 인증 샷도 남겨 보자.

Ⓖ 43.11901, 131.88072 Ⓜ Map → 3-B-2

Памятник корейским поселениям в Приморье
신한촌 기념비

개척리에서 쫓겨난 한인들은 도시 북쪽으로 이동했다. 새로이 조성한 '신한촌'은 항일운동 전초기지였다. 1937년 스탈린의 강제 이주 정책으로 마을은 사라졌지만, 한민족 연구소의 모금으로 1999년 기념비를 세웠다. 커다란 세 개의 비석은 한국, 북한, 고려인을 의미한다고 한다.

Ⓐ ул. Хабаровская, 24~26 사이
Ⓖ 43.134977, 131.895450 Ⓜ Map → 4-B-1

Улица Сеульская, 2a 서울 거리

신한촌이 한인 마을이었음을 증명하는 유일한 거리 이름으로, 신한촌 기념비에서 더 서쪽에 위치한다. 주변에 있는 것이라곤 아파트와 차고뿐, 단독 주택만 덩그러니 있다. 한글이 병기된 거리명 간판이 반갑다.

Ⓐ ул. Сеульская, 2a Ⓖ 43.134061, 131.888467 Ⓜ Map → 4-A-1

Tip.

연해주의 옛 한인들과 우리 독립운동가들의 발자취가 궁금하다면, 근교 우수리스크(p.128) 방문도 의미 있을 것이다.

시내 옛 건물에서 우리 역사 발견하기 :

옛 고려사범대학 건물

1931년 블라디보스톡에 거주한 고려인들이 한인 교사 양성을 목적으로 설립한 '고려사범대학'이 있던 건물이 아께안스키 대로에 있다. 강제 이주 이후 소장 도서와 자료 일부는 카자흐스탄으로 옮겨졌다고 한다.

Ⓐ Океанский проспект, 18
Ⓖ 43.11899, 131.88704 Ⓜ Map → 3-C-2

옛 일본 총영사관 건물

중앙광장에서 아께안스키 대로를 오르면 왼편으로 노란 연해주 법원 건물이 있다. 이곳은 1916~1946년 일본 총영사관 건물로 사용되었는데, 일본을 상징하는 석조로 된 국화 문양이 그 역사를 기록하고 있다.

Ⓐ Океанский проспект, 7
Ⓖ 43.116834, 131.885656 Ⓜ Map → 3-C-2

독립운동가 최재형의 거주지

아르바트 거리에 최재형(1858~1920) 선생이 살았던 곳이 있다. 독립운동가 최재형(p.129)은 항일운동을 하며 안중근을 도운 인물이다. 지금은 그의 흔적을 기록한 모 여행사 팻말만이 쓸쓸히 남아 있다.

Ⓐ ул. Адмирала Фокина, 11г
Ⓖ 43.117713, 131.882405 Ⓜ Map → 3-B-2

INTERVIEW

PROFILE

Wongu Jang

Ⓝ 장원구 Ⓙ 슈퍼스타 게스트하우스 대표

PROFILE

Wonseok Lee

Ⓝ 이원석 Ⓙ 불곰나라 대표

'불곰' 이미지가 왠지 어울리는, 블라디보스톡의 매력에 푹 빠진 두 사람. 이들이 젊은 감성으로 사로잡은 '진짜' 그곳 이야기를 들어 보았다.

Q. 블라디보스톡과의 인연은?
장 : 어쩌다 그리 됐네요. 저는 2016년 게스트하우스를 연 이후 발을 붙였고, 이 대표는 여기서 유학하고 여행사까지 차리게 됐죠. 지금은 불곰나라 크루로 함께 활동합니다.

Q. 두 분이 생각하는 블라디보스톡의 매력?
장 : 삶에 지치고 시간 없는 이들이 맘만 먹고 올 수 있는 곳이죠. 우선 가깝고, 만족스럽게 먹고 쉴 수도 있어요. 도시에 숨겨진 이야기도 많고요!
이 : 두 시간이면 오는 유럽이잖아요! 동남아, 일본은 식상하고 동급 가격대로 갈 수 있는 좀 더 이색적인 곳이 바로 블라디보스톡 아닐까요.

Q. 별로 볼 게 없는 도시라고도 하던데?
장 : 전혀요! 장소마다 그 의미를 못 읽어서 그렇습니다. 알고 모르고는 천지 차이죠. 무엇보다 블라디보스톡에 담긴 우리 역사를 제대로 알면 그런 소리 못 하실 걸요?

이 : '진짜'를 보면 얘기가 달라요. 여행의 가치는 초점을 어디 두는지에 있죠. 그냥 건물도 스토리를 알면 달리 보이잖아요. 이곳의 특별한 경험과 추억은 순간을 풍성하게 할 겁니다.

Q. 블라디보스톡 추천 포인트가 있다면?
장 : 현지인 일상을 엿볼 수 있는 시장에 가 보세요. 주말이면 중앙광장에 시장이 열리는데, 사람 사는 기운도 얻을 수 있어 좋습니다.
이 : 블라디보스톡 야경은 꼭 감상해 보세요. 또 시간이 되면 아름다운 자연과 야생의 멋이 있는 루스키섬의 토비지나곶도 추천합니다.

Q. 도시를 찾는 분들께 하고 싶은 말씀?
이 : 블라디보스톡은 여행 그 이상의 가치가 있는 곳입니다. 여기 오신 모든 분들이 즐겁고 '마음에 남는' 여행하시기 바랍니다!

불곰나라
테마 있는 가이드 투어로, 지식 가이드 도보 투어, 루스키섬 투어, 우수리스크 역사 투어, 야경 투어 등 다양한 프로그램이 있다.

Ⓦ www.bulgomnara.com Ⓘ @bulgomnara

EAT UP

블라디보스톡이 미식의 도시로 변모했다. 많은 여행객이 오가고
국제행사를 다수 치르며 음식 문화도 덩달아 발전하고 있는 것.
현지 요리부터 퓨전, 아시아, 국경 넘은 요리까지! 취향 따라, 맛 따라 가 보자.

Cурра 수프라

Trendy Place :
후회 없는 선택, 기다림은 필수! 미식(美食)

인기 레스토랑은 보통 음식이 맛있거나 분위기가 좋거나 둘 중 하나인데,
블라디보스톡에 이 모두를 갖춘 곳이 있다!
유행을 선도하는 감각적인 맛집은 늘 기다림조차 즐겁다.

Cyпpa 수쁘라

① Cyпpa
수쁘라

스포츠 해안로의 조지아 맛집! 내부는 조지아 소품으로
잔뜩 꾸며 있다. 왁자지껄 분위기 속 유쾌한 종업원들로
기분도 '업'된다. 인기가 많음에도 예약을 안 받아 항상
대기인원이 많지만, 기다리는 동안 무료로 조지아 와인을
제공한다. 요리는 복주머니 만두 '힌깔리', 조지아식 피자
'하차뿌리' 등 다양하다. 계산 시 영수증에 서비스 만족도에
따른 팁을 선택하는 란이 있다. 0, 10, 15, 20% 중 하나를
선택하면 팁이 포함된 가격으로 계산해 주니 잘 선택할 것!

Must try.

치즈와 달걀, 버터의 조화가 절묘한 인기
메뉴 아자리아식 하차뿌리(Хачапури
по-аджарски). 중앙의 달걀노른자가
사람 눈동자 같은데, 잘 섞어
먹어 보자!

INFO

Ⓐ ул. Адмирала Фокина, 16
Ⓖ 43.11835, 131.87937
Ⓣ (423) 227-77-22 Ⓒ 12:00-24:00
Ⓟ 아자리아식 하차뿌리 P370~,
체부레끼 P210~, 힌깔리 P80~/개
Ⓘ @supra.ge Ⓜ Map → 3-B-2

Tip. 조지아 만두 힌깔리(Хинкали) 먹기

좋은 힌깔리는 주름이 많고 육즙이 풍부하다. 손으로 먹는 게 정석.
❶ 윗부분 손으로 잡고 아래쪽 깨물기
❷ 흘러나오는 육즙 마시기
❸ 내용물 먹기
❹ 두툼한 윗부분은 남기기

② ZUMA
주마

Tip.

예약이 필수인 곳. 홈페이지로도 가능하다. 킹크랩은 없는 날도 있으니 미리 확인하자.

블라디보스톡 대표 맛집. 말레이시아 유명 요리사 이름을 딴 이곳은 인테리어에 아시아 느낌이 짙다. 훈남 셰프가 오픈 키친에서 요리하는 모습은 또 하나의 볼거리. 여행객은 주로 킹크랩 먹으러 오는데, 아시아, 퓨전 등 다른 메뉴도 다 훌륭하다. 다소 비싸지만 맛이나 분위기나 그만한 가치가 있는 곳.

(INFO)

Ⓐ ул. Фонтанная, 2 Ⓖ 43.12132, 131.87808
Ⓣ (423) 222-26-66 Ⓗ 11:00-02:00 Ⓟ 캄차트카 킹크랩 ₽3,000~/kg, 가리비 볶음 ₽650~
Ⓦ www.zumavl.ru Ⓘ @zumavl Ⓜ Map → 3-A-1

③ Огонёк
아가뇩

호텔 레스토랑에서 식사를? 스테이크, 해산물 모두 호텔 급에 분위기 좋고 가격도 합리적이다. 동그란 조명과 포근한 인테리어가 고급스럽다. 레스토랑 직영 농장에서 공수한 식자재로 만든 요리도 훌륭하다. 예약은 필수. 1,500루블 이상은 배달도 해 준다. 특히 이곳 칠리 킹크랩은 우리 입맛 제대로 저격!

(INFO)

Ⓐ Партизанский проспект, 44к6 Ⓖ 43.127149, 131.901566 Ⓣ (423) 230-20-45
Ⓗ 11:00-01:00 (배달 12:00-22:00) Ⓟ 토마호크 ₽3,000~/kg, 킹크랩 ₽2,050~/kg
Ⓦ ogonekvl.ru (예약, 주문 가능) Ⓜ Map → 3-B-2

④ Мидия
미지야

카페 입구에 커다란 '홍합'이 하트 모양으로 맞이하는 곳. 알록달록 개성이 강한 음료를 마실 수 있다. 내부 인테리어는 바닷속인 듯 우주인 듯 신세계. 저녁 조명도 화려하다. 평범하지 않은 무언가 당긴다면, 이곳에서 특이한 이름의 음료를 한잔해 보자. 아침 식사도 가능하다.

(INFO)

Ⓐ ул. Адмирала Фокина, 1а
Ⓖ 43.118215, 131.879750
Ⓗ 09:00-23:00 Ⓟ 카페라떼 ₽180~, 미지야 ₽200~
Ⓘ @midiavl Ⓜ Map → 3-B-2

⑤ DAB BAR
댑 바

기다림이 필수인 버거 바. 'Drinks And Burgers'라는 본래 이름에 걸맞게 메뉴가 음료와 버거 중심이다. 내부 인테리어는 마치 미국의 어느 바에 온 듯한 분위기. 육즙을 가득 품은 패티가 든 먹음직스러운 수제 버거와 사이드 감자튀김의 궁합은 역시 진리다. 늦은 시간까지 버거를 먹을 수 있는 곳.

(INFO)

Ⓐ ул. Алеутская, 21 Ⓖ 43.11585, 131.88207
Ⓣ (423) 262-01-70 Ⓗ 월~목 09:00-02:00,
금 09:00-06:00, 토 10:00-06:00, 일 10:00-02:00
Ⓟ 그랜드 캐니언 ₽390~, 보스턴 ₽420~
Ⓦ www.dabbar.ru Ⓘ @dab_bar
Ⓜ Map → 3-B-3

Tip.

메뉴 선택이 어렵다면 클래식 버거 '그랜드 캐니언'을, 고기 외 패티를 원한다면 연어와 오징어, 타르타르 소스가 들어간 '보스턴' 버거를 선택하자. 저마다 양과 가격 차이가 있으니 잘 확인하자.

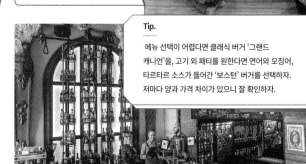

EAT UP 2.

Tip. 킹크랩은 타이밍!

'삐야띠 아께안', '주마' 등 주요 레스토랑은 매년 현지
축제 '킹크랩을 잡아라(Держи краба)'에 참여한다.
연중 정해진 축제 시기에 맞춰 가면 킹크랩 한 마리를
절반 가격에 먹을 수 있다. 시즌별 참여 레스토랑이
조금씩 다르니 홈페이지에서 미리 확인하고 가자.
ⓦ kingcrabrussia.ru

Seafood :
향긋한 바다가 내게로 오다!

우리 나라 횟집에나 가야 있는 수조가 이 도시에서는 고급 레스토랑에 자리 잡고 있다.
그건 바로 가까운 바다에서 갓 가져온 해산물을 신선하게 먹을 수 있단 말!
바다 향에 중독되고 싶은가? 일단 먹으러 가자.

Пятый океан
삐야띠 아께안

동화에 나올 듯한 등대, 발길이 머무는 이곳. 바다를 사랑하는
가족들이 만든 해산물 레스토랑으로, 도시에선 꽤 오랜 맛집이다.
센스 만점 사장님의 손길이 닿은 인테리어는 운치 있고, 바다를 보며
로맨틱한 분위기에서 식사를 할 수 있다! 킹크랩부터 굴, 가리비,
스페인식 빠에야까지 맛없는 음식이 하나도 없다.

INFO

Ⓐ ул. Батарейная, 2в Ⓖ 43.12401, 131.87556
Ⓣ (423) 243-34-25 Ⓗ 12:00~24:00(동절기 12:00~23:00)
Ⓟ 킹크랩 ₽2,100~/1kg, 가리비 구이 ₽690~
Ⓦ www.5oceanvl.ru ⓘ @5oceanvl

INTERVIEW

PROFILE

Tatiana V. Reis

Ⓝ 따찌야나 레이스
Ⓙ 삐야띠 아께안 사장

스포츠 해안로 끝자락, 등대가 지키고 있는 동화 같은 장소. 바다 향 한가득 머금은 해산물 레스토랑 삐야띠 아께안이다. 블라디보스톡의 오랜 명소인 이곳에서 화끈하고 멋진 사장님께 연해주 바다의 맛의 매력을 살짝 들어봤다.

Q. 안녕하세요. 자기소개 부탁드려요.
A. 안녕하세요. 삐야띠 아께안 사장 따찌야나입니다. 저는 이곳에서 지배인 역할을 하면서 직접 요리에도 관여하고 있고, 홀에서 손님을 맞이하기도 해요. 오시면 저를 종종 보실 수 있을 겁니다.

Q. 삐야띠 아께안은 어떻게 열게 되었나요?
A. 레스토랑 이름은 해석하면 '다섯 번째 대양'인데 남극해를 지칭해요. 사실 여기 원래 주인이 선원이었거든요. 그는 바다를 너무나 사랑한 나머지 대양의 이름을 딴 시푸드 레스토랑을 열게 된 겁니다. 지금은 요리사 8명, 홀 직원 10여 명이 함께 최고의 바다 요리를 선보이는 장소가 되었죠.

Q. 사장님도 바다를 좋아하시나 봅니다.
A. 물론입니다. 저는 바다를 사랑해요. 수영하는 것도 좋아하고, 바다를 거닐면서 파도 소리 듣는 걸 즐겨요. 잔잔한 바다만 좋아하는 건 아니에요. 이따금 몰아치는 거센 바다 폭풍을 지켜보면 속이 시원할 정도죠! 바다 옆에 있는 것만으로도 항상 기분이 좋아져서 그런가 봐요. 바다가 저를 치유해 주는 느낌이랄까요. 그래서 제가 지금 바닷가 레스토랑에서 일하고 있는 거겠죠?

Q. 레스토랑 메뉴 중 어떤 요리가 잘 나가나요?
A. 다 맛있지만 가장 인기가 많은 메뉴는 아무래도 킹크랩이죠! 한국 분들은 호박 수프, 파스타, 그리고 저희 집에서만 맛볼 수 있는 오리지널 스페인식 빠에야, 새우와 곰새우도 많이 찾습니다. 러시아 분들의 경우, 신선한 생굴과 생가리비를 소스에 곁들여 먹는 걸 좋아하고요. 생물은 주문 즉시 저희 매장에 있는 수조에서 직접 잡아 손님상에 올리고 있습니다.

Q. 연해주 해산물이 특별한 이유는 무엇일까요?
A. 연해주는 다른 지역보다 풍향도 적합하고 좋은 자연조건을 가지고 있습니다. 그것이 제일 큰 장점이죠. 가장 좋은 천연의 환경 속에서 바다 생물을 양식하고 있기 때문에 연해주 사람들은 1년 내내 신선하고 속이 꽉 찬 해산물을 조달해 먹을 수 있어요. 물론 시즌이나 기후에 따라서 품질은 조금 차이가 있겠지만요. 그래도 해산물 자체가 귀한 내륙 사람들에겐 이런 풍성한 바다의 향은 꿈 같은 일일걸요?

Q. 레스토랑 자랑 좀 해 주세요!
A. 저희 레스토랑은 15년 됐는데, 현지 요식업계에서는 이만큼 오랜 역사를 가지고 있는 곳이 많지 않아요. 저희는 다방면으로 항상 노력하고 있습니다. 새로운 메뉴를 계속 개발하고 있고, 매일 찾아오는 다양한 손님들에게 양질의 요리로 보답해 드리죠. 최근에는 주방도 오픈 키친으로 리모델링했고, 조리기기도 최신용으로 바꾸어 한층 더 업그레이드된 환경에서 더 맛있는 식사를 하실 수 있을 겁니다. 바닷가 테라스도 나름 운치를 더해 주고요. 만족스럽게 배불리 식사하고 가는 손님들을 보는 게 저희의 가장 큰 기쁨입니다!

Q. 사장님의 꿈이 있으시다면?
A. 레스토랑도 물론 사업적으로는 중요하지만, 저는 사장이기 이전에 여자이고 엄마입니다. 제가 하는 역할이 우리 가족과 아이들의 건강과 행복을 지켜 주고, 또 그 기운이 장래의 손자들에게까지 이어지길 바라요. 그것이 제 인생의 가장 큰 목표입니다.

따찌야나 사장님이 추천하는 연해주의 별미!

1. **크랩류 :** 털게(волосатик), 대게(стригун), 캄차카 킹크랩(Камчатский краб, 9~4월)
2. **조개류 :** 굴(устрица), 가리비(гребешок), 봉골레(вонголе), 대합(спизула), 홍합(мидия), 소라(трубач)
3. **생선류 :** 가자미(камбала, 여름), 빙어(корюшка, 겨울), 대구(навага, 겨울)
4. **그 외 해산물 :** 곰새우(медведка), 도화새우(ботан), 오징어(кальмар) 등

② RAMEN HAUS
라면집

이보다 고급스러운 라면이 있을까? 스포츠 해안로 초입에 눈을 사로잡는 '라면집' 간판에 답이 있다. 직접 우려낸 해산물 육수를 사용해 국물은 깊이 있고, 라면 위 살포시 얹은 킹크랩 다리와 새우는 과할 정도로 푸짐하다. 발라 먹기 좋게 킹크랩 하나하나 손질한 주인장의 디테일마저 감동적인 맛. 무엇보다 곰새우, 도화새우를 마리 단위로도 살 수 있어 부담 없고 좋다.

INFO
ⓐ ул. Адмирала Фокина, 1в ⓖ 43.11872, 131.87803 ⓣ (914) 338-19-87
ⓗ 11:00-24:00 ⓟ 킹크랩 라면 ₽799 ⓜ Map → 3-A-2

③ OH, MY CRAB!
오 마이 크랩!

아르바트 거리에 새롭게 등장한 강자. 바깥 붉은 벤치가 가던 발길마저 멈추게 한다. 내부에 들어서면 킹크랩 집게 손 모형이 벽을 가득 메운 인테리어가 인상적! 깔끔하고 간단하게 해산물을 즐길 수 있다. 하지만 놀랍게도 원래 수제버거를 팔던 집이라 버거 맛도 끝내 준다.

INFO
ⓐ ул. Адмирала Фокина, 6 ⓖ 43.11766, 131.88125
ⓣ (423) 208-00-99 ⓗ 화-목 10:00-23:00, 금-토 10:00-24:00
ⓟ 가리비 ₽240~, 버거 ₽390~
ⓘ @crabeteria ⓜ Map → 3-B-2

Must try.

Медведка, 곰새우를 아시나요?

한 번 들으면 잊기 힘든 이름, 곰새우(медведка 메드베드까). 블라디보스톡에 왔다면 비싸도 먹을 가치가 있는 명물이다. 생긴 건 거칠고 딱딱해 썩 유쾌하지 않지만, 바닷가재가 울고 갈 맛! 얼린 곰새우는 스포츠 해안로의 해산물 마켓이나 재래시장에서 살 수 있으며, 가격은 시장이 더 저렴하다.
ⓟ 크기에 따라 ₽1,500~3,500/kg

a. 곰새우 먹는 방법
우락부락한 껍질만 봐선 먹기 힘들 것 같은데, 의외로 쉽다. 손만 잘 사용하면 된다.
❶ 머리통, 꼬리 떼어내기
❷ 몸통 윗부분 껍질 조금 벗겨내기
❸ 드러난 살점을 위로 잡아당기기

b. 꿩이 없으면 대신 닭으로?
시기에 따라 곰새우가 나오지 않을 때도 있다. 그렇다면 아쉬운 대로 크고 실한 도화새우 혹은 독도새우(Ботан 바딴)로 대신해도 좋다. 멀리 갈 것 없이 주말 중앙광장 시장에서 구할 수 있다.

c. 곰새우와 킹크랩도 배달이 대세!
블라디보스톡 붉은 명물을 숙소에서 싼 가격에 배달시켜 먹는 서비스가 있다고? 밖에 나가기 번거롭고 귀찮을 땐 한국식으로 편하게 배달을 시키자. 당일 새벽에 공수한 싱싱하고 살이 꽉 찬 곰새우와 킹크랩을 스마트폰으로 주문하고 기다리면 끝. 전날 예약은 필수이자 센스!

배달 서비스 '안녕하새우'
ⓗ 24시간(당일 배달주문 18:00까지, 배달 가능 시간 09:00-21:00)
ⓟ ₽2,000~, 배달비 ₽200
(₽5,000 이상은 배달비 무료)
ⓘ @crab_vladi
카카오 플러스 친구 '안녕하새우'

④ The Marine
더 마린

바다의 이름을 가진 항구 여객 터미널에 위치한 레스토랑. 항구 도시의 느낌을 살린 흰색과 파란색 인테리어에 천장도 높아 시원스럽다. 해산물과 고기 요리 등 유럽식이 메인인데, 한국 요리도 있어 메뉴 선택권이 넓다. 바다가 보이는 테라스 자리는 날이 풀리는 5월부터 오픈한다.

INFO
ⓐ ул. Нижнепортовая, 1(4층)
ⓖ 43.111629, 131.883068 ⓣ (423) 249-65-56
ⓗ 10:00-23:00 ⓟ 광어 요리 ₽800~, 비빔밥 ₽450~
ⓦ themarine.ru ⓘ @the_marine_vl ⓜ Map → 3-B-4

5 PALAU FISH
팔라우 피쉬

남태평양의 향기가 가득한 생선요리 전문
레스토랑으로 10년의 노하우가 담긴 해산물
요리를 선보인다. 내부는 유럽 어느 소도시에 온 듯
소박하지만 고풍스러운 분위기이다. 생선뿐만 아니라
킹크랩, 홍합, 가리비 등 다양한 해산물을 튀김,
사시미, 롤, 철판구이 형태로 즐길 수 있다.

INFO

Ⓐ ул. Суханова, 1 Ⓖ 43.11781, 131.89249
Ⓣ (423) 243-33-44 Ⓗ 11:00-24:00
Ⓟ 제철 생선 모둠 튀김 ₽615~, 해산물 볶음밥 ₽475~
Ⓦ www.palaufish.com
Ⓘ @palaufish Ⓜ Map → 3-D-2

6 Port Cafe
포트 카페

여행 테마의 멋스러운 분위기의 레스토랑.
바다 위에 떠 있는 요트에서 식사하는
기분이다. 벽에는 블라디보스톡과 연해주
사진이 걸려 있고, 선박에 사용된 목재로
만든 가구는 한껏 멋스럽다. 이곳 메뉴는
극동지역 요리, 아시아의 베이스도 섞였다.
특히 수조에서 갓 잡아 만든 신선한
해산물이 일품!

INFO

Ⓐ ул. Комсомольская, 11 Ⓖ 43.13039, 131.89068 Ⓣ (924) 731-58-68
Ⓗ 12:00-24:00 Ⓟ 해산물 모둠 ₽3,550~, 연어 채소 볶음 ₽460~
Ⓦ www.port-cafe.ru Ⓘ @port_cafevl Ⓜ Map → 4-A-1

Tip.

요트 클럽과 함께 있는
씸 푸토프 근처 바다에서는
매년 5월 하순 '블라디보스톡
국제 보트 쇼'가 열린다.
Ⓦ expo.sfyc.ru

7 Семь Футов
씸 푸토프

요트 클럽 옆에 자리한 고급 레스토랑으로, 고즈넉한 분위기가 이곳의
오랜 역사를 대변한다. 본관은 군함 휴게실을 옮겨 놓은 듯 박물관 같은
느낌을 주고, 테라스에서 바라보는 바다는 지중해 풍경을 자아낸다.
분위기를 안주 삼아 맛있는 해산물을 맛보는 행복을 누려 보자.

INFO

Ⓐ ул. Лейтенанта Шмидта, 17а
Ⓖ 43.1084, 131.87332
Ⓣ (423) 258-88-88 Ⓗ 12:00-01:00
Ⓟ 해산물 샐러드 ₽540~,
광어 구이 ₽730~
Ⓦ www.sevenfeets.ru
Ⓘ @sevenfeet.vl

Good Mood :
분위기에 취해

분위기로 먹고 들어가는 레스토랑.
감각적인 인테리어에 반하고, 정갈한 음식 맛에 빠져든다.
때로는 클래식하게, 때로는 젊은 감각으로.
만남의 의미를 더욱 빛내 주는 그곳에 가 보자.

Michelle 미셸

1 Michelle
미셸

중앙광장과 금각교, 블라디보스톡 주요
파노라마를 감상하며 식사하는 분위기 최고의
레스토랑. 고급스러운 장식과 인테리어에서
사장님의 센스가 엿보인다. 매일 저녁 7시면
들려주는 라이브 음악은 한껏 무드를 살린다. 10년
넘은 베테랑 레스토랑이라 고기나 생선 요리
모두 일품. 굳이 방송으로 유명해진 호박 수프나
까르보나라만 고집할 필요가 없다.

INFO

Ⓐ ул. Уборевича, 5а(8층)　Ⓖ 43.11665, 131.88847
Ⓣ (423) 230-81-16　Ⓗ 12:00-24:00
Ⓟ 버섯 리조또 ₽700~, 생선 요리 ₽700~
Ⓦ www.vladmichelle.ru　Ⓘ @michelle_panorama
Ⓜ Map → 3-D-2

2 Бабмаша
밥마샤

롯데호텔 근처 러시아 가정식을 맛볼 수 있는 '마샤 할머니' 레스토랑. 마샤 할머니는 그곳에 수십 년 전 실제 거주한 인물이란다. 고풍스럽고 우아한 분위기 속에 센스 넘치는 액자와 옛날 장식들이 돋보이는 공간이 마음을 사로잡는다. 진짜 러시아 할머니 레시피로 만들어 주는 것 같은 맛있는 러시아 음식을 눈과 입으로 즐겨 보자.

Nearby. Moloko & Mёd 말라꼬 이 못

브런치가 잘 어울리는 감각적인 레스토랑. 현지인의 발길이 이어지는 이곳은 '우유와 꿀'이란 이름만큼이나 부드럽고 달콤하다. 각종 유럽식, 해산물에 디저트까지 선택의 폭이 넓다.
ⓐ ул. Суханова, 6а ⓖ 43.11748, 131.89163
ⓣ (423) 258-90-90 ⓗ 일-목 10:00-24:00, 금-토 10:00-01:00
ⓟ 연어 스테이크와 흑미 ₽650~, 해산물 샐러드 ₽690~
ⓦ www.milknhoney.ru ⓘ @moloko_and_med
ⓜ Map → 3-D-2

──(INFO)──
ⓐ ул. Суханова, 6а ⓖ 43.117452, 131.891728
ⓣ (908) 998-98-55 ⓗ 12:00-24:00 ⓟ 펠메니 ₽230~, 블린 ₽150~
ⓦ babmasha.ru ⓘ @babmasha_ru ⓜ Map → 3-D-2

3 Настальгия
나스딸기야

고풍스러운 분위기를 선사하는 블라디보스톡의 '노스텔지어' 레스토랑. 보수 공사 후 한층 멋을 더했다. 카페 안쪽 계단 있는 방으로 들어가 보자. 제정시대로 돌아간 듯한 가구와 인물화가 어울리는 보물 같은 공간에서 먹는 음식 맛은 덤. 2층에는 갤러리가 있으니 구경해도 좋다.

──(INFO)──
ⓐ ул. 1-ая Морская, 6/25
ⓖ 43.112583, 131.878783 ⓣ (423) 241-05-13
ⓗ 09:00-21:00
ⓟ 연어 구이 ₽720~, 해물 페투치니 ₽480~
ⓘ @nostalgy.restaurant ⓜ Map → 3-A-4

4 PAZZO Coffee Lab
파조 커피 랩

화려한 샹들리에와 둥근 창문이 잘 어울리는 럭셔리한 공간에서 이탈리안 음식을 즐길 수 있는 곳. 오랫동안 머물고 싶다면 메인 요리부터 디저트, 그리고 바리스타가 직접 내려 주는 고급 이탈리아식 커피까지 풀 코스로 즐기는 건 어떨까. 레스토랑 이름에 괜히 커피가 붙은 게 아니니.

──(INFO)──
ⓐ ул. Лазо, 8 ⓖ 43.115479, 131.895124
ⓣ (423) 275-08-50 ⓗ 09:00-24:00
ⓟ 게살 리조또 ₽550~, 커피 ₽250~
ⓦ www.pazzocoffeelab.ru
ⓘ @pazzocoffeelab ⓜ Map → 3-E-3

5 STUDIO Cafe
스튜디오 카페

새벽에도 파스타를 먹을 수 있는 24시간 카페. 모던하고 젊은 분위기로 모임 장소로 딱이다. 저녁이면 온갖 조명들로 화려하게 변신하고, 퓨전으로 구성된 메뉴들은 모두 만족스럽다. 특히 흑빵 속에 담긴 '스튜디오' 보르쉬(борщ) 붉은 수프는 이곳의 독보적인 요리이다.

──(INFO)──
ⓐ ул. Светланская, 18а ⓖ 43.11619, 131.88152
ⓣ (423) 255-22-22 ⓗ 24시간
ⓟ '스튜디오' 보르쉬 ₽350~, 오징어먹물 파스타 ₽590~
ⓦ cafe-studio.ru
ⓘ @wearecafestudio ⓜ Map → 3-B-3

EAT UP 4.

Local Delicacies : 현지 별미에 빠지다

러시아에 왔으니 러시아 요리를 먹어 볼까?
그런데 정작 러시아 전통 음식은 찾아보기 어렵다.
그 대신 CIS 문화권 음식이 대부분인데,
다소 기름지고 향신료가 들었어도 우리 입맛에는 짱이다!

Ложки-плошки 로쉬끼-쁠로쉬끼

❶ Ложки-плошки
로쉬끼-쁠로쉬끼

러시아 만두 뻴메니(пельмени) 전문점. 사방에 알록달록 밀대와 주걱이 걸린 인테리어가
인상 깊다. 밀가루로 만든 만두, 파이, 빵이 다 있다. 반죽이 두껍고 동글동글 뻴메니는
쫀득한 맛에 먹다 보면 배가 부른다. 새하얀 스메따나(сметана) 소스를 곁들이면 더욱
현지의 맛을 느낄 수 있다.

INFO
Ⓐ ул. Светланская, 7(지하) Ⓖ 43.11675, 131.8809
Ⓣ (423) 260-57-37 Ⓗ 월-금 09:00-24:00, 토·일 10:00-24:00
Ⓟ 연어 뻴메니 ₽220~, 애플 파이 ₽130~
Ⓦ lozhkiploshki.ru Ⓘ @lozhki_ploshki Ⓜ Map → 3-B-2

Plus Info. 만두로 대동단결!

CIS 지역이 만두로 뭉쳤다. 분명히 다 만두인데,
출신에 따라 다르게 부르는 그 이름.

❶ Пельмени 뻴메니
동글동글하고 크기가 작다.
한입에 쏙.   러시아

❷ Вареники 바레니끼
가운데가 볼록. 송편이나
만두 모양에 가깝다.   우크라이나

❸ Хинкали 힌깔리
아래가 넓고 위로 솟은 게
복주머니처럼 생겼다.   조지아

❹ Манты 만띠
이름에서 우리의 만두와
가장 비슷하다고 느껴진다.   카자흐스탄 등 중앙아시아

2 ШашлыкоFF
샤슬리코프

코카서스의 별미, 샤슬릭을 무려 1m 길이로 친구들과 함께
모여 먹을 수 있는 곳. 천장이 높아 시원스러운 분위기의 이
그릴 바는 노보시비르스크에서 온 프랜차이즈다. 단체로 와서
샤슬릭과 각종 안주, 맥주를 시켜놓고 웃고 떠들며 유쾌한
시간을 보낼 수 있다.

┌─ INFO ─
Ⓐ ул. Пограничная, 10 Ⓖ 43.119575, 131.880549 Ⓣ (423) 230-21-34
Ⓗ 일-목 10:00-02:00, 금-토 10:00-03:00 Ⓟ 샤슬릭(1인분) ₽390~, 샤슬리코프 맥주 ₽100~
Ⓦ www.shashlikoff.com Ⓘ @shashlikoff_vladivostok Ⓜ Map → 3-B-2

3 Сациви
싸찌비

알레우츠카야 거리 골목에 숨어있는 크고 널찍한 조지아 레스토랑. 예부터
손님이 오면 극진히 대접하는 조지아 사람들의 정신을 따르고 있어서
그런지, 메뉴 종류가 매우 많다. 수쁘라보다는 여유로운 분위기에서 맛있는
샤슬릭, 하차뿌리를 즐길 수 있어 더욱 좋다. 콧수염 아저씨의 얼굴이
그려진 마스코트가 귀엽다.

┌─ INFO ─
Ⓐ Переулок Ланенский, 3 Ⓖ 43.113862, 131.882409 Ⓣ (423) 268-55-55
Ⓗ 월-목 12:00-24:00, 금-토 12:00-02:00 Ⓟ 양고기 샤슬릭 ₽420~, 하차뿌리 ₽350~
Ⓦ www.sacividv.ru Ⓘ @sacivi_vl Ⓜ Map → 3-B-3

고기 품은 길거리 별미

길거리 음식은 현지 별미 중 별미다. 고기와
채소 내용물 한가득 담긴 빵은 든든한 한 끼가 되며,
러시아 서민들의 일상이기도 하다.

Plus Info.

샤우르마 шаурма? 샤베르마 шаверма?

이 맛있는 길거리 음식은 알고 보면 '샤우르마'와 '샤베르마' 이름이 둘이다. 모스크바에서는 '샤우르마',
상트페테르부르크에서는 '샤베르마'로 부른다. 음식 전파 과정에서 지역별로 발음이 다르게 전달된 것.
다행히 블라디보스톡에서는 둘 다 쓰이고 있다. 이름이 뭐 중요하랴. 맛있으면 됐다.

Чебуреки

Чебуреки 체부레끼

러시아 국민 간식. 일상적인 큰 납작
군만두 같은 체부레끼는 크림-타타르
지역에 뿌리를 둔다. 톱니바퀴 모양
반달에 노릇하게 튀긴 껍질 속 조미된
고기와 양파, 그리고 종류에 따라
치즈, 버섯, 양배추가 추가로 들었다.
식당에서는 막 튀겨 공갈 빵처럼 크게
부풀어 나오기도 한다.

Пян-се 삐얀세

우리에게 친숙한 외관. 개성식 만두
'편수'에서 온 '삐얀세'는 사할린
한인들이 만들어 먹기 시작한
음식이란다. 찐빵 식감에 속은 다진
고기, 양배추, 채소 등으로 가득하다.
빵이 왕만두보다 커서 하나만 먹어도
든든해 한 끼 식사로 손색이 없다.
극동 지역 별미이다.

Пян-се

Самса

Самса 쌈싸

파이가 고기를 쌈싸는 빵.
중앙아시아에서 만들어 먹기 시작한
쌈싸는 노력의 산물이다. 얇은 반죽을
몇십 겹 쌓아 결이 살아 있는 파이로,
겉은 바삭하게 구워진 파이의 식감이,
속은 고기와 양파, 양배추의 따뜻함이
느껴져 한입 베어 물면 미소가 절로
난다.

Шаурма 샤우르마

먹고 나면 계속 생각나는 길거리 음식.
원래는 아랍식 케밥에서 시작되었다.
특제 수직 그릴에 구운 고기(닭, 돼지,
양고기 등)를 칼로 조금씩 잘라내고,
토마토, 오이, 양파, 마요네즈, 케첩 등
각종 재료와 함께 얇은 전병에 싸서
살짝 그릴에 데워내면 최고의 맛!

Шаурма

Russian Restaurant ：러시아 레스토랑에 가다

러시아는 외식 문화가 발달한 지 그리 오래되지 않았다.
그래서 우리와 다르거나 잘 모르는 사실로 종종 오해를 살 수 있다.
몇 가지 팁과 함께 그 문화를 이해하고, 제대로 현지 음식을 맛보자.

1. 내 외투를 굳이 벗으라고 한다.

레스토랑에 가면 종업원이 안내 전에 외투를 벗어두고 오라 한다. 러시아에서는 두꺼운 겉옷을 입은 채 자리에 앉는 건 예의가 아니며, 위생상의 이유로도 벗는 것이 맞다. 옷 보관소(гардероб가르제롭)에 코트를 맡기고 번호표를 받거나 근처 옷걸이에 걸고 가벼운 몸으로 식사를 하자. 자리도 넓게 쓸 수 있고 생각보다 편하다.

2. 메뉴만 보다가 하루 다 가겠다.

러시아 레스토랑이나 간단한 식사가 되는 카페 메뉴를 보면 종종 그 끝이 안 보일 때가 있다. 종류가 엄청나서 '과연 이걸 다 한다고?' 의심될 때도 있으나, 상황에 따라 안 되는 메뉴도 허다하다. 차선책도 항상 생각해 두자. 못 고르겠다면 추천을 받거나, 메뉴 옆에 '히트(хит)'나 '좋아요', 별 표시된 것을 선택하면 무난하다.

3. 좀 저렴하게 먹을 수 없을까?

여행객은 루블 환율 덕을 좀 본다지만, 그래도 매 끼니 고급 레스토랑에 가기엔 비용이 부담되는 건 사실이다. 이럴 땐 점심시간을 잘 활용하자. 점심 할인 행사를 해 주는 곳도 있고, 정해진 시간에만 한정적으로 제공하는 비즈니스 런치(бизнес-ланч) 메뉴가 있는 곳도 있다. 다양한 요리로 구성된 세트 메뉴는 역시 가성비 '갑'이다.

4. 아직 식사가 안 끝났는데.

러시아 식당에서 종업원의 순발력은 식사 중 손님 식탁 위 휴지나 빈 접시를 치울 때 가장

잘 발휘된다. 가끔 다 안 먹은 음식까지 가져갈 정도다. 하지만 이러한 행동은 손님에게 빨리 먹고 가란 뜻이 아니라, 다음 요리 나오기 전 테이블을 치워 주는 '서비스'일 뿐이다. 오해하지 말고 그냥 두라고 얘기하자.

5. 만족하는 만큼 남겨 주세요!

러시아에서 팁(чаевые 치이브이)을 안 줘도 되는 건 이제 옛말. 현지 외식 문화가 발달하면서 팁은 점차 보편화되었다. 담당 종업원이 직접 서빙해 주는 레스토랑이라면 팁을 남기는 것이 당연한 에티켓이다. 정산 후 계산서 박스나 통에 현찰로 남기고 떠나면 된다. 물론 서비스에 만족한 만큼만 주면 되는데, 일반적으로는 총액의 10% 정도가 적당하다.

> **Tip. 인스타그램 속에 답이 있다!**
> 방문 예정 현지 레스토랑 분위기나 요리가 궁금한가? 인스타그램(Instagram)에서 미리 확인해 보자. 러시아 사람들은 인스타그램 마케팅 활동을 많이 하는 편이라, 분위기 파악에 도움이 될 것.

PART1. 러시아 레스토랑, 풀리지 않는 수수께끼

누구에게든 처음은 늘 어렵고 두렵다. 한 번도 가 본 적 없는 러시아 식당인데, 무엇을 어떻게 해야 할지, 또 왜 그렇게 해야 하는지 의아한 궁금증들. 몇 가지만 살펴봤다.

레스토랑 러시아어

a. 레스토랑 계산은 앉아서!

러시아 레스토랑은 대부분 식사 마친 자리에서 계산한다. 테이블 담당 종업원을 부르자.

A: Счёт, пожалуйста! 숏 빠찔스따
계산서 주세요!

B: Картой или наличными?
까르떠이 일리 날리치니미 카드인가요? 현찰인가요?

A: Картой. 까르떠이 카드요.
Наличными. 날리치니미 현찰이요.

b. 선불 카운터에서

카운터에서 먼저 계산을 하고 셀프로 먹는 곳은 테이크아웃 여부를 분명히 밝혀야 한다.

A: Здесь или с собой? 즈제씨 일리 싸보이?
드시고 가나요, 포장인가요?

B: Здесь. 즈제씨 여기서 먹고 갑니다.
С собой. 싸보이 테이크아웃 합니다.

c. 음식 치우는 종업원에게

레스토랑에서 나의 음식을 치우려는 종업원에게 이렇게 얘기하면 된다.

다 안 먹었을 때 : Оставьте, пожалуйста.
아스따비쩨 빠찔스따 남겨 두세요.

다 먹었을 때 : Уберите, пожалуйста.
우베리쩨 빠찔스따 가져가세요.

PART2. 러시아 대표 먹거리

러시아 음식, 후회 없이 선택하기 위해 최대한 우리 입맛에 잘 맞는 것이 좋겠다. 이 정도면 가장 이상적인 러시아 대표 먹거리.

Оливье 알리비에

다소 친숙한 마요네즈 샐러드. 소련 시절부터 축제나 신년이면 집에서 만들어 먹는 나름의 전통식이다. 감자, 절인 오이, 햄, 달걀, 완두콩 등을 마요네즈와 골고루 버무려 우리 입맛에도 잘 맞다.

Борщ 보르쉬

붉은 수프 보르쉬. 감자와 당근, 양파, 비트가 들어간 수프에서 김치찌개의 개운함이 느껴질 정도로 우리 입맛에도 잘 맞는다. 현지인처럼 사워소스인 '스메따나(сметана)'를 넣고 분홍빛으로 만들어 먹으면 더 부드럽다.

Шашлык 샤슬릭

숯불 위 익어가는 꼬치고기, 코카서스 태생 샤슬릭은 주로 양고기로 해 먹었지만, 지금은 돼지고기, 닭고기, 소고기에 채소, 해물까지 다양하게 꼬치에 구워 먹는다. 러시아인의 야외 생활에서 빠지지 않는 생활 속 양식이기도 하다.

Бефстроганов 베프스트로가노프

러시아 사람들이 즐겨 먹는 소고기 요리. 소고기를 곱게 썰고 크림소스 잔뜩 얹어서 조리해 사이드를 곁들여 먹는다. 다른 고기 요리가 부담스럽다면 가격 착한 이 음식도 괜찮다.

Блин 블린

해와 같이 둥글다 하여 봄맞이 축제(Масленица 마슬레니짜) 때 먹는 러시아식 팬케이크이다. 정통 러시아 음식 블린은 메밀가루, 우유, 달걀, 버터 반죽을 얇게 부쳐내 잼, 과일, 초콜릿, 고기, 버섯 등 다양한 토핑을 넣어 먹는다. 블리니(блины) 또는 블린치끼(блинчики)라고 부른다.

Tip. 샤슬릭 맛있게 먹는 법

고기만 먹어도 맛있지만, 함께 먹으면 더 맛깔스럽다. 메뉴에 소스(соус)와 전병(лаваш)을 추가하자. 채소나 감자도 있으면 더욱 좋다. 전병에 고기와 소스, 양파, 채소를 넣어 싸 먹으면 최고!

Морс 모르스

러시아 열매 주스. 체리, 크랜베리, 산딸기 등 숲속 열매를 직접 담가 만든 러시아 전통 음료로 새콤달콤하다. 주로 붉은 베리 모르스(Ягодный морс)나 오렌지색 걸쭉한 비타민나무 모르스(Облепиховый морс)를 마신다.

Компот 깜뽓

과일이나 건과일, 야생 열매로 만든 디저트 음료로 고대 루스 시절부터 마시기 시작했다고 전해진다. 황갈색 깜뽓은 열매 주스에 비해서는 단맛이 더 강해서 설탕물 같은 느낌을 버릴 수 없다.

Облепиховый чай 아블리삐허비 차이

마시기만 해도 몸이 건강해질 것만 같은 주황색의 비타민나무 차. 비타민 열매와 각종 자연의 산물로 우려낸 이 차 한 잔만으로도 깊은 만족감이 차오른다. 차가운 모르스가 싫다면 따뜻한 비타민나무 차 강추.

EAT UP 5

Local Cafeteria : 러시아 서민 밥상 체험

러시아 사람들은 평소 무얼 먹고 살까?
이곳의 또 다른 '식판' 문화, 대중식당에 가 보면 알 수 있다.
저렴한 가격으로 서민 밥상 음식을 직접 골라 먹을 수 있으니 말이다.

러시아식 카페테리아에서 식사하기

현지에서는 카페테리아를 현지에서는 '스딸로바야(Столовая)'라고 부른다.
서민들이 주로 찾는 곳으로, 줄을 따라 쟁반에 먹고 싶은 음식과 음료를 담고
선불로 계산한 후 자리를 잡고 식사하면 된다.

8 Минут
1 보씸 미누뜨

온통 소련 분위기 녹아 있는 여기서 소박한 현지식을 저렴하게 즐겨 보자. 벽에 붙은
소련 지도와 온갖 포스터, 옛 아이템들이 눈길을 끈다. 고기나 밥은 종업원에게 떠달라고
명확하게 부탁해야 한다. 이른 아침에도 문을 열기 때문에 간단한 아침 식사도 가능하다.

INFO
스베뜰란스카야 지점 Ⓐ ул. Светланская, 1 Ⓖ 43.117053, 131.879732 Ⓗ 08:00-23:00 Ⓜ Map → 3-B-2
알레우츠카야 지점 Ⓐ ул. Алеутская, 11 Ⓖ 43.112925, 131.881005 Ⓗ 08:30-19:00 Ⓜ Map → 3-B-3

Tip. 사이드 디쉬, 메밀밥(гречка)
독특한 향의 갈색 메밀밥 '그레취까'.
러시아 사람들은 우리의 밥처럼
즐겨 먹는다. 선뜻 먹고 싶지는 않은
비주얼에 식감은 꺼끌거리지만,
고소한 맛에 빠져 또 찾게 될 것.
알고 보면 다이어트 건강식이다.

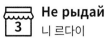

Не рыдай
3 니 르다이

1932년 베르살 호텔에 실제로 있었던, '슬퍼하지 말라'는 뜻의 카페 이름을 그대로 따랐다. 카페테리아 같지 않은 새하얀 인테리어에 밝고 멋스러워 배보단 눈이 풍족해지는 느낌. 세트 메뉴로 저렴하게 즐겨 보자! 1918년 이곳에 머물렀던 콜착 제독과 그의 사랑 찌미레바가 만난 사진도 있다.

┌─ **INFO** ─┐
Ⓐ ул. Светланская, 10 Ⓖ 43.116716, 131.879923
Ⓣ (908) 994-44-13 Ⓗ 09:00-22:00 ⓘ @ne_rydai
Ⓜ Map → 3-B-2

REPUBLIC
2 리퍼블릭

젊은 사람의 입맛을 맞춘 깔끔한 카페테리아. 지점별 분위기는 조금씩 다르나, 대중식당치고는 메뉴가 한층 모던하다. 샐러드도 오징어, 미역, 생선 등 각종 해물이 들어 있다. 편안한 분위기에서 부담이 식사하고 내친김에 맥주도 한 잔!

┌─ **INFO** ─┐
Ⓐ Океанский проспект, 17(2층)
Ⓖ 43.11959, 131.88662 Ⓣ (423) 260-71-22
Ⓗ 월-목 09:00-23:00, 금 09:00-24:00, 토 10:00-24:00, 일 10:00-23:00 ⓘ @republic_vl
Ⓜ Map → 3-C-2

Plus Info.

시내 곳곳 리퍼블릭 매장
기차역 앞
Ⓐ ул. Верхнепортовая, 2r(2층)
Ⓖ 43.111327, 131.880140
Ⓜ Map → 3-B-4

아르바트 근처
Ⓐ ул. Адмирала Фокина, 20
Ⓖ 43.11695, 131.8852 Ⓜ Map → 3-C-2

푸니쿨라 근처
Ⓐ ул. Светланская, 83
Ⓖ 43.11523, 131.90254 Ⓜ Map → 3-F-3

─┤ 네 안에 든 게 뭐니? ├─

눈앞에 먹거리가 많아도 막상 무엇이 든 건지 알 수 없다면? 메인 요리에 들어간 재료 이름은 몇 개만 알아 두어도 유용할 것이다. 특히 항구 도시 블라디보스톡이기에 누릴 수 있는 특권, 해산물은 알고 드실 수 있길.

❶ Мясо 육류

소고기 : говядина 가바지나
한우 수준까진 아니어도 등심(вырезка) 위주로 먹기 좋다. 송아지 고기는 'телятина 쩰랴찌나'이다.

돼지고기 : свинина 스비니나
살코기는 약간 퍽퍽한 느낌은 있어도 두툼하게 샤슬릭으로 구워 먹으면 최고의 맛을 자랑한다.

양고기 : баранина 바라니나
특유의 향이 있지만 샤슬릭, 스테이크로 먹으면 더 매력적. 어린 양고기는 'ягнёнок 이그뇨녹'이다.

닭고기 : курица 꾸리짜
어떤 방식으로 조리해도 맛있게 먹을 수 있는 저렴한 치킨! 어린 닭은 'цеплёнок 찌쁠료녹'이다.

❷ Морепродукты 해산물

광어 : Палтус 빨뚜스
고급 생선 광어. 기름기 머금은 살점은 입에서 부드럽게 녹아내려 특히 구이나 스테이크로 먹기 좋다.

가자미 : Камбала 깜발라
블라디보스톡에서 다소 '흔하게' 먹을 수 있는 생선. 주로 굽거나 튀겨 소스를 곁들여 먹는다.

가리비 : Гребешок 그리비숔
큰 조가비 속 조갯살 통통한 고급 해산물. 가격은 비싸지만 있다. 생으로도, 구이로도 먹는다.

홍합 : Мидия 미지야
검은 껍질 속 주황색 속살이 매력적인 홍합. 우리처럼 요리와 함께 익혀 깊은 맛을 낸다.

새우 : Креветка 끄레베뜨까
이곳 새우는 곰새우, 타이거새우, 도화새우 등 종류와 크기가 다양하다. 오동통한 식감은 최고.

연어 : Лосось 라쏘씨
붉은 살 연어는 종류에 따라 가격이 천차만별, 샐러드부터 스테이크까지 자주 등장한다. 어종에 따라 러시아어 명칭이 다른데, 'кета 께따', 'горбуша 가르부샤', 'нерка 네르까'는 태평양 연어 종류이고, 'сёмга 숌가'는 대서양 연어다.

오징어 : Кальмар 깔마르
쫄깃한 오징어는 보통 구워 먹거나, 익힌 후 샐러드와 메인 요리에 들어가 바다 향을 더해 준다.

미역 : Морская капуста 마르스까야 까뿌스따
러시아 다른 도시에서는 먹기 어려운 '바다의 양배추'. 이곳에서는 특히 미역 줄기를 즐겨 먹는데, 이를 '추까(чука)'라고도 부른다.

Good Taste : 서양미(味) 숨쉬는 곳

맛깔스럽게 익은 두툼한 스테이크, 느끼해도 개운한 파스타.
서양 음식을 더 맛있게 먹고 싶은 날, 귀한 손님을 모시고 싶은 날, 음식 좀 할 줄 아는 이런 레스토랑은 어떨까.

Дело в мясе 젤로 브 먀세

1. Дело в мясе
젤로 브 먀세

고기가 핵심이다! 레스토랑 바깥 커다란 소가 고기 킬러들의 발길을 잡아당기는 곳. 넓게 확 트인 공간에 조명은 살짝 어둡지만, 요리하는 모습이 그대로 보이는 주방은 불이 난 듯 바쁘다. 부드러운 안심 스테이크부터 치즈를 부어 주는 텍사스 버거까지! 먹어 봐야 안다.

INFO

ⓐ ул. Светланская, 3 ⓖ 43.1169, 131.88023
ⓣ (423) 241-11-88 ⓗ 일·목 12:00~24:00, 금·토 12:00~02:00
ⓟ 안심 스테이크 P1,450~, 텍사스 버거 P490~ ⓦ meatmatters.ru
ⓘ @meatmatters.ru ⓜ Map → 3-B-2

Tip.

스테이크 굽기는 어느 정도?
❶ с кровью 쓰 끄로비유 :
날고기를 따뜻하게 덥힌 정도(rare)
❷ слабой прожарки
슬라버이 쁘라좌르끼 : 자르면 핏물이
보일 정도(medium rare)
❸ средней прожарки
스레드네이 쁘라좌르끼 :
중간 익힌 정도(medium)
❹ почти прожаренное
빠취찌 쁘라좌렌노에 :
거의 익힘(medium well-done)
❺ прожаренное 쁘라좌렌노에 :
완전히 익힘(well-done)

Syndicate
3 신디케이트

옛날 미국의 어느 뮤직바에 온 느낌. 뮤지션 출신 사장님이 센스 있게 재현해 낸 공간이다. 여기서 고급 스테이크를 썰며 재즈를 감상하면 더 바랄 게 없다. 스테이크는 둘이 먹다 하나 죽어도 모를 맛. 숙녀를 배려한 레이디 세트 메뉴도 있다. 무대 공연은 저녁 9시부터 한다.

INFO
Ⓐ ул. Комсомольская, 1
Ⓖ 43.13039, 131.89078 Ⓣ (423) 246-94-60
Ⓗ 일-목 12:00-24:00, 금-토 12:00-02:00
Ⓟ 뉴욕 스테이크 ₽1,550~, 레이디 세트 ₽1,250~
Ⓦ www.club-syndicate.ru ⑥ @syndicaterest
Ⓜ Map → 4-A-1

GUSTO
2 구스토

굼 옛 마당 안에 위치한 미식 레스토랑. 심플하고 모던한 인테리어에 주방이 개방되어 있어 더욱 믿음이 간다. 무엇보다 이곳 요리사는 '르 꼬르동 블루' 출신으로, 직접 개발한 메뉴와 예술적이면서 맛깔스러운 양식을 선보인다. 어떤 음식을 선택해도 기분 좋게 먹고 갈 수 있는 곳.

INFO
Ⓐ ул. Светланская, 33/2
Ⓖ 43.115901, 131.887347 Ⓣ (423) 270-00-67
Ⓗ 월-목 12:00-23:00, 금 12:00-01:00, 토 13:00-01:00, 일 13:00-23:00 Ⓟ 감자 뇨끼 ₽380~, 스테이크 ₽670~
⑥ @gusto.gastrobar Ⓜ Map → 3-C-3

Tip.

신디케이트 vs 포트 카페?
신디케이트 아래층에는 자매 레스토랑 '포트 카페(Port cafe)'가 있다. 고기가 당기면 신디케이트로, 해산물이 간절하면 포트 카페로 가자. 두 레스토랑의 주인은 같은 사람이다.

Svoy fete
4 스보이 페테

아르바트 거리에서 발코니가 유난히 눈에 띄는 레스토랑. 예쁘고 고급스러운 다이닝 룸에서 아늑하게 서양식 요리를 즐길 수 있다. 수조의 신선한 해산물만 봐도 군침이 돈다. 계단을 내려가면 아래층에도 다른 분위기의 자리가 마련되어 있다. 12시부터 오후 4시까지는 메뉴 할인을 해 준다.

INFO
Ⓐ ул. Адмирала Фокина, 3
Ⓖ 43.11812, 131.88046 Ⓣ (423) 222-86-67
Ⓗ 11:00-01:00 Ⓟ 코카서스식 치킨구이 ₽150~/100g, 메인 디쉬 ₽600~
Ⓦ www.svoy-fete.ru ⑥ @svoyfete Ⓜ Map → 3-B-2

5 Brothers Bar & Grill
브라더스 바 앤 그릴

와인 병 모양이 크게 붙어 있는 벽돌집. 은은한 조명 아래 그릴 요리와 함께 한잔하기 좋은 곳이다. 고기와 해산물, 피자까지 다양한 메뉴를 취향대로 즐길 수 있다. 이곳의 와인과 칵테일은 요리를 더욱 돋보이게 하는 힘이 있다.

INFO
Ⓐ ул. Бестужева, 32　Ⓖ 43.10991, 131.87724
Ⓣ (423) 257-70-70
Ⓗ 일~목 10:00-24:00, 금~토 11:00-02:00
Ⓟ 로스트비프 ₽690~, 햄버거 ₽500~
Ⓘ @brothers_bar　Ⓜ Map → 3-A-4

6 Iz Brasserie
이즈 브라세리

디나모 경기장 근처의 유럽식 레스토랑. 고급스러운 분위기에서 스테이크와 해산물, 파스타, 생선구이와 샤슬릭까지 다양한 요리를 맛볼 수 있으며, 그 맛 또한 놀랍다. 귀한 손님과 함께하면 좋다. 멋스럽게 시간의 흔적을 보여주는 붉은 벽돌과 빵, 케이크 그림에 눈길이 간다.

INFO
Ⓐ ул. Пограничная, 10　Ⓖ 43.119886, 131.880736
Ⓣ (423) 222-25-35　Ⓗ 일~목 12:00-24:00, 금~토 12:00-02:00
Ⓟ 광어 스테이크 ₽520~, 샤슬릭 ₽690~　Ⓦ iz-brasserie.ru
Ⓘ @izbrasseriegroup　Ⓜ Map → 3-B-1

If You Have Time.

Кондитория
깐지또리야

이즈 브라세리에서 운영하는 디저트 카페. 아께안스키 대로에 있어 오며 가며 들르기 좋은 위치에 있다. 현지인들이 맛있는 디저트 먹으러 즐겨 찾는 장소이기도 하다. 달콤한 케이크와 차 한 잔, 또는 간단한 식사로 시간 보내기 좋다.

Ⓐ Океанский проспект, 12　Ⓖ 43.11747, 131.8864　Ⓣ (423) 222-66-23
Ⓗ 09:00-23:00　Ⓘ @konditoriavl　Ⓜ Map → 3-C-2

7 Shönkel
숀켈

멋진 부부의 아름다운 도전이 있는 실력파 버거 가게. 버거 번 색깔에 먼저 눈이 가고, 독특한 맛으로 입이 즐겁다. 왜 수제버거를 찾게 되는지 알게 될 것이다!

INFO
Ⓐ ул. Светланская, 33/2　Ⓖ 43.11584, 131.88763
Ⓣ (423) 280-28-20　Ⓗ 09:00-21:00
Ⓟ 버거 ₽350~, 홍차 ₽100　Ⓦ www.shonkel.ru
Ⓘ @shonkel.burger.diner　Ⓜ Map → 3-C-3

INTERVIEW

PROFILE

Igor V. Sheinfeld & Anna A. Sheinfeld

Ⓝ 이고르 세인펠드, 안나 세인펠드
Ⓙ 숀켈 사장

블라디보스톡이 관광지로 각광 받은 후 이곳 음식 지도도 점차 변하고 있다. 많은 레스토랑과 카페가 새로 생기거나 문을 닫았다. 그 과정에서 유난히 눈에 띄는 것이 있는데, '수제버거' 집은 오히려 꾸준히 늘고 있는 사실!

도심의 굼 옛 마당에 자리하고 있는 작은 버거집 '숀켈 Shönkel'. 여기가 블라디보스톡 수제버거집의 시초다. 독특한 레시피로 입맛을 사로잡고 있는 이곳 사장님의 이야기를 들어 봤다.

Q. 자기소개 부탁드립니다.

A. 안녕하세요. 숀켈 창업주 이고르 세인펠드입니다. 제 아내 안나와 함께 블라디보스톡에서 수제버거 브랜드를 만들었고, 저희는 지금 만인의 입을 행복하게 해드리고 있지요.

Q. 푸드트럭으로 시작하셨던데, 계기가 있었나요?

A. 2013년 처음 푸드트럭으로 장사를 했습니다. 당시에는 사람들이 미식 문화에 별로 관심이 없었고 무엇을 어떻게 먹을지 중요하게 여기지 않았죠. 저희는 이런 무관심을 바꿔 보고 싶었습니다. 그래서 유럽식 푸드트럭을 들여온 겁니다. 저희 열정 앞에서는 그 어떤 것도 장애가 될 수 없었어요.

Q. 그런데 왜 하필이면 버거였나요? 블라디보스톡 사람들 반응은 어땠나요?

A. 시행착오 끝에 '버거' 메뉴를 선택하게 됐어요. 예전에는 이 도시에서 맛있는 양질의 버거를 만들 수 있는 사람이 거의 없었거든요. 저희는 미국식 버거에 러시아식을 접목하고 아시아스러운 포인트까지 더해서 유럽 푸드트럭에서 선을 보였죠. 이처럼 핫하면서도 재미난 혼합작품을 블라디보스톡 사람들을 신선한 충격에 빠뜨리기 충분했습니다.

Q. 푸드트럭에서 굼 옛 마당으로 옮긴 이유가 있으신지.

A. 푸드트럭이 이동은 편해도 제약이 많습니다. 식자재 저장 공간이 적어 주문이 늘면 감당이 안 되고, 겨울은 길고 추워서 사업 환경도 열악했어요. 그래서 자체 매장이 필요했죠. 조금 겁도 났지만, 용기를 내어 꿈을 향해 전진했습니다. 특히 '굼'은 블라디보스톡 최초 쇼핑센터인 역사적 건물인지라, 그런 공간을 마다할 이유는 없지요! 옛 마당 공간은 제정시대 때는 황제의 마구간, 소련 때는 창고로 사용되었는데, 지금은 리모델링 후 젊은이들 공간이 되었습니다. 저희 버거 먹으러도 많이 오시고요.

Q. 숀켈 버거의 경쟁력은 무엇인가요?

A. 저희는 자체 레시피에 따라 천연 식자재만으로 검거나 붉은 컬러의 버거 번을 만들어 내고 있습니다. 블라디보스톡에서는 최초일걸요! 맛은 물론, 요리의 디자인도 중시합니다. 숀켈 버거의 강점은 엄선된 재료를 사용한다는 점, 그리고 평범하지 않은 색감과 품질을 가진다는 점이죠. 블랙워크(Blackwork) 버거와 핑크 드림(Pink Dream) 버거가 가장 인기 있어요. 부드러운 바비큐 스테이크도 한 번 먹으면 또 찾으시고요.

Q. 블라디보스톡에 '맥도날드'가 없는 이유는 뭐라고 생각하세요?

A. 제 생각에는 이곳 시장이 맥도날드처럼 글로벌 프랜차이즈의 조건에는 부합하지 않아 그런 것 같아요. 블라디보스톡 소비자들 성향도 좀 다르고요. 수제버거 같은 경우는 가격 대비 뭔가 색다르고 건강한 느낌이고, 무엇보다 패스트푸드가 아니잖아요. 이곳에는 독자적인 매장이 더 많은 편입니다. 저희 버거는 조리에만 10분 정도가 걸려요. 주문 받는 즉시 신선한 재료로 만드니 당연히 맛에 긍정적으로 반영될 수밖에 없지요.

Q. 숀켈 이후 도시에 수제버거집이 유행처럼 많이 생기고 있는데요.

A. 저희가 푸드 트렌드의 선두주자라 할 수 있겠네요! 먹기 편하고 맛있는 버거는 대중적인 사랑을 받아 왔죠. 숀켈 오픈 3년 후부터 블라디보스톡에 버거집이 급격히 늘어나기 시작한 건 사실입니다. 저는 한편으로 많은 이들이 자기가 좋아하는 일을 시작한 것 같아 기쁩니다. 자기 업적이 누군가에게 영향을 줬다는 건 참 기쁜 일이잖아요. 단지, 많은 가게가 문을 닫거나 버거 대신 다른 메뉴로 전향하는 경우가 많아 좀 아쉽죠.

Q. 버거 프런티어 사장님의 목표는 무엇인가요?

A. 아시아 지역에도 매장을 열어 보고 싶어요. 한국 같은 곳에서 말이죠. 솔직히 지금 당장의 가장 간절한 꿈은 '숀켈'이 미쉐린 별을 받아보는 것입니다. 그래서 저희는 매일 목표를 향해 멈추지 않고 달려갈 겁니다!

If You Have Time.

도시 속 '버맥(버거+맥주)'집

검은 비닐 장갑 끼고 버거 한 입 베어 물고 맥주 한 잔 마시면 어떨까? 여행으로 피로했던 몸과 마음이 쫙쫙 펴지는 느낌일 것이다.

Чепуха 체뿌하

'별거 아니야!'라는 뜻의 작은 버거집. 이곳 트레이드마크 새 그림이 버거 번 위에 박혀 나온다.

Ⓐ ул. Адмирала Фокина, 17
Ⓖ 43.11754, 131.88352
Ⓣ (423) 201-83-00 Ⓗ 11:00-23:00
Ⓟ 버거 P390~ Ⓘ @chepuha.vl
Ⓜ Map → 3-B-2

ЧЕПУХА

BRGR PROjECT 버거 프로젝트

롯데호텔 근처 버거 가게. 맥주 한 잔에 턱이 빠질 정도로 버거를 크게 한입 베어 물면 미션 클리어.

BRGR PROJECT

Ⓐ ул. Семёновская, 25A
Ⓖ 43.11789, 131.88785
Ⓣ (924) 943-77-30 Ⓗ 일-목 12:00-24:00, 금-토 12:00-02:00
Ⓟ 버거 P350~, 맥주 P300~ Ⓦ BRGRbeer.com
Ⓘ @brgr_vl Ⓜ Map → 3-C-2

World Food : 명실상부 국제도시에서 맛보는 세계 각국의 맛

블라디보스톡은 이제 '세계음식 정복'의 도시라 해도 될 것 같다.
국제 행사의 경험이 있는 도시인 만큼 음식의 영역도 더욱 확장되고 있다.

Китайские истории 끼따이스끼에 이스또리

---

1 중국 **Китайские истории**

끼따이스끼에 이스또리

옛날 중국 전설 속에 들어온 것만 같은 고급
중국 레스토랑. 시원스러운 널따란 홀에서 보는
인테리어와 장식, 소품들이 모두 중국의 느낌을
담는다. 하얀 증기 뿜뿜 '차이나 스토리' 딤섬과
매콤함에 눈물이 나는 치킨까지. 메뉴는 다양하고,
음식은 고급지고, 맛은 감각적이다.

> **Tip. 주문 팁**
> 러시아에서 보통
> 꿔바로우(Гаваджоу
> 가바조우)는 메뉴판에
> '새콤달콤한 소스를 한
> 돼지고기(свинина
> с кисло-сладком
> coyce 스비니나 브
> 끼슬라-슬라드껌
> 쏘우쎄)'로 쓰여 있다.

(**INFO**)
Ⓐ ул. Светланская, 83
Ⓖ 43.11532, 131.90229 Ⓣ (423) 262-66-88
Ⓗ 일-목 12:00-24:00, 금-토 12:00-02:00
Ⓟ 베이징 덕 ₽2,450~, 모둠 딤섬 ₽490~
Ⓦ chinastories.ru Ⓘ @china.stories
Ⓜ Map → 3-F-3

---

2 하와이 **Ku'ula**

쿠울라

러시아에서 하와이 음식? 밥이 당긴다면
상큼한 하와이안 덮밥 포케(포케이)를 먹어
보자. 참치, 연어 등 원하는 토핑을 고르고,
밥과 소스는 선택할 수 있다. 하와이 맥주까지
곁들이면 이곳은 와이키키 해변! 작은 매장의
장식과 벽화까지 하나하나 하와이스럽다.

(**INFO**)
Ⓐ ул. Набережная, 16 Ⓖ 43.11536, 131.87609
Ⓣ (423) 201-87-88 Ⓗ 11:00-21:00
Ⓟ 참치 클래식 포케 ₽380~, 하와이 맥주 ₽330~
Ⓘ @kuula.vl Ⓜ Map → 3-A-3

4 싱가포르 Дамплинг репаблик
덤플링 리퍼블릭

딤섬이 당기는 날, 시내 아께안이나 우수리 영화관으로 가자. 싱가포르식 딤섬 전문점이 영화관 안에 있기 때문! 깔끔하고 간편하게 먹을 수 있어 혼밥족도 많다. 주문서에 음식을 표시하고 전달하면 주문 완료. 유리창 너머 딤섬 빚는 셰프를 지켜보는 재미도 있다.

INFO
아께안 영화관 지점
Ⓐ ул. Набережная, 3(2층) Ⓖ 43.11641, 131.8782
Ⓣ (423) 241-42-34 Ⓗ 11:00-24:00
Ⓟ 샤오마이(Шао-май) ₽190~, 싱가포르 수프 ₽200~
Ⓦ www.dumplingrepublic.ru
Ⓘ @dumplingrepublicvl Ⓜ Map → 3-A-2

우수리 영화관 지점
Ⓐ ул. Светланская, 31(지하) Ⓖ 43.11581, 131.88683
Ⓣ (423) 240-67-69 Ⓜ Map → 3-C-3

5 북한 Пхеньян
평양관

꼭 한 번쯤 북한 음식이 먹어 보고 싶을 때! 친절한 종업원과 금강산 단풍 그림이 펼쳐진 곳으로 가 보자. 우리말이 통하니 마음이 편해진다. 담백 깔끔한 평양식 물냉면과 얼큰하게 입맛 당기는 오리육개장에서 이북의 정갈한 맛을 느낄 수 있다.

INFO
Ⓐ ул. Верхнепортовая, 68в
Ⓖ 43.09946, 131.86343 Ⓣ (423) 296-44-58
Ⓗ 12:00-24:00 Ⓟ 평양냉면 ₽480~, 광어찜 ₽680~

3 멕시코 Кафе Лима
카페 리마

블라디보스톡의 좀 괜찮은 멕시칸 식당. 쉬어 가며 간단하게 케사디야, 토르티야 등을 먹을 수 있다. 매장을 채우고 있는 소품들이 한결 멕시코스럽다. 맛있는 토마토 칠리소스 가득한 요리 한입에 감동이 밀려온다. 점심시간의 세트 메뉴 추천!

INFO
Ⓐ Океанский проспект, 9/11
Ⓖ 43.11754, 131.88597 Ⓣ (423) 222-16-68
Ⓗ 12:00-22:00 Ⓟ 수프, 케사디야/샌드위치 세트 ₽350~
Ⓘ @limacafe Ⓜ Map → 3-C-2

7 한국 Shilla
신라

깔끔하고 푸짐하게 밥심 불태울 수 있는 곳! 가게에 들어서면 고국의 기운이 느껴진다. 고급스러운 인테리어에 넓은 공간, 환풍기와 고기 판 장착 테이블이 반갑고 익숙하다. 가격은 다소 비싸지만, 세트는 반찬 5첩과 물, 수정과가 기본 제공되므로 그 값을 한다.

INFO
Ⓐ Партизанский проспект, 12а
Ⓖ 43.1247, 131.89406 Ⓣ (423) 242-22-20
Ⓗ 12:00-23:00 Ⓟ 돌솥비빔밥 세트 ₽690~,
뚝배기 불고기 ₽660~ Ⓦ www.shilla.su
Ⓘ @shilla_koreanrestaurant Ⓜ Map → 4-B-2

6 일본 Tokyo KAWAII
도쿄 카와이

내부 인테리어가 아름답고도 귀여운 반전 콘셉트. 일본의 '카와이' 문화가 고급스러운 레스토랑 구석구석에 드러난다. 일식은 역시 사시미와 스시, 롤, 거기다 해산물까지 두루 섭렵할 수 있는 곳. 식사도 맛있게 하고 동심까지 얻어갈 수 있다.

INFO
Ⓐ ул. Семёновская, 7в Ⓖ 43.11927, 131.88217
Ⓣ (423) 244-77-77
Ⓗ 일-목 11:00-01:00 금-토 11:00-02:00
Ⓟ 카니 우라마키 ₽440~ 우동 ₽340~
비즈니스 런치 ₽400~ Ⓦ tokyo-bar.ru
Ⓘ @tokyo_sushi_bar Ⓜ Map → 3-B-2

Bread & Cake :
달달하고 포근한 러시아 빵과 케이크

뿌리칠 수 없는 유혹. 입으로 들어가면 녹아내리고 순식간에 사라지는 빵과 케이크의 본성이 그렇다.
특히 러시아에서 먹는 건 투박하지만, 진하고 달콤한 중독성으로 당최 끊어낼 수가 없다.

Хлеб и молоко
흘렙 이 말라꼬

매장 입구의 빵 데코레이션이 발길을 끈다. 젤라또 가게 '샤릭 마로쥐노브'와 같은 회사에서 운영하는
베이커리로, 이름도 '빵과 우유'. 빵, 아이스크림, 디저트와 커피, 차를 한데 모아 놓아 달콤한 선택권도
꽤 넓은 편이다. 깔끔한 매장에 앉아 달달한 휴식을 취하며 여행을 충전해 보자.

INFO

Ⓐ ул. Семёновская, 20 Ⓖ 43.11816, 131.885
Ⓣ (423) 208-42-42 Ⓗ 08:00-20:00
Ⓟ 타르트 ₽250~, 아메리카노 ₽120~
Ⓦ www.breaddeal.ru Ⓘ @xlebimoloko
Ⓜ Map → 3-C-2

② Duet
듀엣

온통 민트빛으로 물든 예쁜 카페. 2층에 들어서자마자 입구에 포토 존이
있다. 내부는 동화 속에서 튀어나온 듯, '와!' 하고 감탄이 절로 나는
사랑스러운 공간. 여기서 달콤한 케이크와 커피를 즐기며 동화 속 주인공이
된 기분을 만끽해 보자. 식사 메뉴도 있다.

> **INFO**
> Ⓐ ул. Пограничная, 12 (2층) Ⓖ 43.12006, 131.88086 Ⓣ (423) 222-05-65
> Ⓗ 09:00-23:00 Ⓗ 에그 베네딕트 ₽270~, 당근케이크 ₽280~
> Ⓦ duet-bakery.ru Ⓜ @duet_vl Ⓜ Map → 3-B-1

> **Plus Info.**
>
> **도심 속 라꼼까**
> 빠끄롭스끼 공원 근처
> Ⓐ Океанский проспект, 29
> Ⓖ 43.12276, 131.88787
> Ⓜ Map → 3-C-1
>
> 아께안 영화관 근처
> Ⓐ ул. Светланская, 4
> Ⓖ 43.117012, 131.878431
> Ⓜ Map → 3-A-2
>
> 스베틀란스까야 초입
> Ⓐ ул. Светланская, 7
> Ⓖ 43.11668, 131.88114
> Ⓜ Map → 3-B-2

③ Пироговая
삐라고바야

'벚꽃 동산(Вишнёвый сад)' 제과 디저트 카페. 아름다운 조명과 소품들,
작은 공간도 허투루 사용하는 법이 없는 세심한 인테리어에 마음마저
포근해진다. 무엇보다 놀라운 건 케이크의 저렴한 가격! 파이와 빵 종류는
물론 간단한 식사 메뉴도 있다. 가격 걱정하지 말고 양껏 먹고 신나게 수다
떨다 가자.

> **INFO**
> Ⓐ Океанский проспект, 18 Ⓖ 43.1189, 131.88703
> Ⓗ 08:00-20:00 Ⓟ 스메딴닉 ₽80~, 당근 케이크 ₽75~
> Ⓦ vstort.ru Ⓜ Map → 3-C-2

④ Лакомка
라꼼까

110년 전통의 빵 공장 '블라드 흘렙(Владхлеб)'의 브랜드
베이커리로 블라디보스톡의 '파리바게트'라고 할 수 있을 정도로
도시 곳곳에 매장이 많다. 신선한 빵과 케이크, 샌드위치까지 다양한
종류의 빵을 저렴하게 만나볼 수 있으며, 매장 테이블에서 먹는
사람보다 포장 손님이 많다. 이곳 도시의 일상을 만난다.

> **INFO**
> Ⓐ Океанский проспект, 13 Ⓖ 43.11859, 131.8864
> Ⓣ (423) 250-13-25 Ⓗ 08:00-20:00 Ⓟ 로간 ₽61~, 컵케이크 ₽65~,
> 카페라떼 ₽150~ Ⓜ @lakomka.ru Ⓜ Map → 3-C-2

5 Пекарня Мишеля
빼까르냐 미셸랴

파리, 도쿄, 모스크바에도 매장이 있는 프랑스 제빵사 '미셸'의 베이커리 카페. 입구 앞, 바구니에 꽃과 바게트를 싣고 있는 자전거는 파리에 있는 것만 같은 느낌을 준다. 감각 있는 모던한 분위기 속에서 간단하게 빵과 차를 즐기고 갈 수 있는 곳. 가격은 조금 있지만, 분위기를 한껏 즐기다 가자. 아침 식사도 가능!

INFO
- Ⓐ ул. Светланская, 51
- Ⓖ 43.11436, 131.89365
- Ⓣ (423) 254-68-86 Ⓗ 08:00-22:00
- Ⓟ 클래식 크루아상 ₽100~, 디저트 ₽200~500
- Ⓦ www.michelbakery.ru
- ⓘ @michelbakery_vl Ⓜ Map → 3-E-3

Plus Info.

도심 속 빼까르냐 미셸랴
수하노바 거리
- Ⓐ ул. Суханова, 6а
- Ⓖ 43.11746, 131.89177
- Ⓜ Map → 3-D-2

굼 백화점
- Ⓐ ул. Светланская, 33
- Ⓖ 43.115659, 131.887553
- Ⓜ Map → 3-C-3

아께안 영화관 근처
- Ⓐ ул. Светланская, 4
- Ⓖ 43.11712, 131.87836
- Ⓜ Map → 3-A-2

6 Пекарня Бэккери
빼까르냐 베께리

쁘리모리에 호텔 1층의 작은 베이커리로, 이곳 제빵사는 한국에서 제빵 교육을 받았으며, 밀가루까지 직접 한국에서 공수해 와 빵을 만든다고. 타국에서 맛보는 고향 빵의 색다른 맛을 느껴 보자. 손님들이 꾸준하여 빵이 동날 때도 있다. 장소가 협소하므로 포장해 가도 좋다.

INFO
- Ⓐ ул. Посьетская, 20
- Ⓖ 43.110072, 131.878841 Ⓣ (423) 241-34-11
- Ⓗ 월-금 08:00-20:00, 토-일 및 공휴일 10:00-20:00
- Ⓟ 잼 치즈 타르트 ₽170~, 빵 ₽100~
- Ⓦ www.bakerycafe.ru ⓘ @bakery_vl Ⓜ Map → 3-B-4

7 TORTONIYA
토르토니야

러시아 브랜드 케이크 카페로, 진열장 가득 케이크들 보는 것만으로 행복해진다. 먹음직한 홀 케이크와 조각 케이크에 고급스러운 내부 인테리어와 붉은 벽지는 더욱 강력하게 식욕을 자극한다. 이곳 인기 메뉴는 주황색 케이크로, 오렌지 향과 초콜릿 과자가 입안에서 조화롭게 어우러진다.

INFO
- Ⓐ ул. Адмирала Фокина, 10 (2층) Ⓖ 43.117490, 131.882270
- Ⓣ (423) 222-23-84 Ⓗ 09:00-21:00 Ⓟ 오렌지 케이크 ₽155~, 3색 초콜릿 케이크 ₽185~
- Ⓜ Map → 3-B-2

사연 있는 러시아 케이크 '또르뜨'

달콤함 때문에 기억되지 못할 이름. 하지만 러시아 케이크(торт)는 저마다 이야기를 가지고 있어, 한 번 알고 나면 그 이름까지 잊을 수 없을 것 같다. 스토리를 떠올리며 케이크 골라 먹는 재미도 쏠쏠하다.

Медовик 메도빅
꿀 케이크

꿀 케이크인데 꿀맛은 안 나는 신비한 매력. 19세기 황제 알렉산드르 1세 아내 옐리자베타는 꿀을 싫어했다. 이 사실을 몰랐던 어느 신참 요리사가 꿀로 메도빅을 만들었는데, 그 맛이 부드럽고 훌륭해 황후도 반하게 되었단다. 적당히 달고 깊은 맛!

Сметанник 스메딴닉
스메따나 케이크

러시아식 사워크림 '스메따나(сметана)'가 들어간 케이크. 루스 시대 때 남은 스메따나로 파이를 만든 것에서 비롯되었다. 만들기 쉽고, 있는 재료로 요리하니 돈 쓸 일도 없고, 맛까지 있으니 일석삼조가 아닌가? 이후 소련 시절에는 단연 인기 메뉴가 됐다.

Прага 쁘라가
프라하 케이크

오스트리아 초콜릿 케이크 '자헤르'의 러시아 버전. 소련 시절, 모스크바 레스토랑 '프라하'의 파티시에 '구랄닉'의 손에서 탄생한 작품이다. 제과기술 교환으로 체코슬로바키아에 간 그는 자헤르와 유사한 케이크의 레시피를 접했는데, 이를 일부 차용하고 간소화하여 '프라하'를 만들었다.

Медовик

Сметанник

Наполеон

Прага

Птичье молоко

Наполеон 나빨레온
나폴레옹 케이크

겹겹이 프랑스 밀푀유를 닮은, 나폴레옹 케이크의 러시아 탄생 배경은? 러시아의 나폴레옹 전쟁 승리 100주년 축제 당시 한 파티시에의 프랑스 파이 레시피로 만든 케이크의 인기가 좋았다. 이를 삼각으로 잘라 위로 장식을 했더니, 나폴레옹 모자 같아 '나폴레옹'으로 불렀다고.

Птичье молоко
쁘찌치예 말라꼬
새 우유 케이크

새에겐 우유가 나오지 않는다. 실제로 있을 수 없는 맛이라 '새 우유'. 폭신한 마시멜로가 동유럽에 유행하던 1930년대, 소련 식품부 장관은 이를 맛보고 소련에 들여오려 했다. 생산에 성공하고, '프라하' 레스토랑 '구랄닉'은 케이크용 레시피 연구만 6개월을 했다. 소련 첫 특허를 받은 케이크.

EAT UP
9

Favorite Coffee :
향긋한 커피 한 잔

러시아는 본래 홍차 문화가 깊이 자리 잡았지만,
지금은 커피가 유행처럼 번져 커피 전문점도 급증했다. 블라디보스톡
시내의 카페에 앉아 고유의 정취를 즐기며 커피나 음료를 한잔하는
여유는 나를 위한 소소한 행복이다.

Kafema 카페마

Kafema
카페마

러시아 내 여러 지점을 두고 있는 커피 전문점. 수입 원두를 자체
공장에서 직접 로스팅해 신선도와 맛을 유지하고 있다.
직원이 추천해 주는 원두를 핸드 드립이나 사이폰 방식으로 즐겨
보자. 편안한 공간과 그윽한 커피 향은 힐링의 순간을 선사할 것이다.

INFO
Ⓐ ул. Светланская, 17 Ⓖ 43.11631, 131.88388
Ⓣ (423) 267-87-88 Ⓗ 08:00-21:00 Ⓟ 사이폰 ₽200~, 카푸치노 ₽150~
Ⓦ www.kafema.ru Ⓘ @kafema_coffee Ⓜ Map → 3-B-2

Plus Info. 도심 속 카페마

클로버하우스 근처
Ⓐ ул. Мордовцева, 3
Ⓖ 43.11958, 131.88437
Ⓜ Map → 3-C-2

롯데호텔 근처
Ⓐ ул. уборевича, 10б
Ⓖ 43.1172, 131.8893
Ⓜ Map → 3-D-2

Tip.

달달한 것이 당길 땐? 러시아식 커피, 라프(РАФ)
1990년대 모스크바의 '커피 빈' 카페를 방문한
외국 손님 '라파엘'은 커피가 입에 잘 안 맞는다며
특별 제조를 부탁했다. 이에 바리스타가 더 부드럽고
달콤하게 제조한 커피가 바로 '라프'이다. 지금은
러시아 전역에 퍼진 라프 커피는 에스프레소에 크림,
설탕, 바닐라 설탕을 넣고 짙은 거품 날 때까지 머신에
돌려 만든다. 우유는 들어가지 않았다.

크림
에스프레소
시럽

라프 커피

시원한 아메리카노?
러시아 사람들에게는 아직 아이스 커피가 생소하다. 요즘은 한국 관광객들
덕분에 곳곳에서 아이스 메뉴들을 선보이고 있긴 하나, 역시 일반적이지는
않다. 아이스 아메리카노를 마시고 싶은데 카페에서 못 알아듣는다면,
에스프레소나 아메리카노를 시키면서 '살돔(со льдом 얼음과 함께)!'이라고
말하자. 그럼 얼음과 함께 커피를 즐길 수 있다.

Tip. 예쁜 커피의 비결, 에칭(etching)

프로코피의 '라프' 커피를 주문하면 거품 위로 알록달록 거미줄 모양의 예쁜 꽃을 그려 준다. 라프는 우유를 뺀 커피라 이건 '라떼 아트'가 아닌 '에칭 아트'다. 색깔 선 하나하나가 모두 달콤한 시럽이라는 사실!

2 ProKофий
프로코피

테이블은 몇 없지만, 꽃과 나비가 가득한 카페. 커피 애호가 가족이 만든 전문 카페답게 새롭고 다양한 메뉴를 선보인다. 평범한 커피도 좋지만, 이곳에서만 마실 수 있는 특별한 메뉴에 도전해 보자. 무엇보다 달콤하고 부드러운 '라프' 커피는 눈과 입을 즐겁게 해 줄 것!

┌─ INFO ─┐

ⓐ ул. Адмирала Фокина, 22　ⓖ 43.11667, 131.88665　ⓣ (914) 737-02-03
ⓗ 월-목 09:00-21:00, 금 09:00-22:00, 토·일 10:00-22:00
ⓟ 라프 커피 ₽218~, 타이가 커피 ₽158~　ⓘ @procoffeey　ⓜ Map → 3-C-2

3 No.1 Coffee Place
넘버 원 커피 플레이스

지나가는 길에 들러 여유롭게 커피 한잔하기 좋은 곳이다. '스카이 시티(Sky City)' 비즈니스 센터 아래 층에 위치해 있으며 작지만 젊은 느낌으로 가득하다. 직장인들의 커피 테이크아웃 풍경이 가장 잘 어울리는 카페라 '넘버 원'인가보다. 특이한 라떼나 차도 있으니 시도해 보자.

┌─ INFO ─┐

ⓐ ул. Алеутская, 45　ⓖ 43.12082, 131.88383
ⓣ (924) 135-30-35　ⓗ 08:00-22:00　ⓟ 아메리카노 ₽100~, 카페라떼 ₽200~
ⓘ @n1coffeeplace　ⓜ Map → 3-B-1

4 Coffee Hub
커피 허브

시내의 '비오렙티카' 카페가 자리를 옮겨 '커피 허브'라는 새로운 간판으로 오픈했다. 커피 맛만큼은 보장한다는 이곳 메인 바리스타 막심은 2017년 라떼 아트 분야에서 극동 지역 톱3에 드는 고수이다. 제대로 된 커피 맛보러 가기에 적격. 샤슬리코프 레스토랑과 같은 입구로 들어가면 된다.

┌─ INFO ─┐

ⓐ ул. Пограничная, 10(2층 샤슬리코프 입구)
ⓖ 43.11951, 131.88048　ⓗ 10:00-20:00
ⓟ 아메리카노 ₽120~, 카페라떼 ₽180~
ⓘ @coffeehubvl
ⓜ Map → 3-B-2

5 Кофеин
꼬페인

멋이 함께하는 굼 옛 마당에서 마시는 맛있는 커피 한 잔. 모던한 분위기의 내부는 '요즘 취향'이다. 이곳의 아이스 커피는 추출 방법이 우리와 가장 흡사하게 느껴진다. 매장 옆 미술학원도 한 번 엿보는 맛. 연해주 정부청사 건너편 극장(스베틀란스카야 15A)에도 매장이 있다.

┌─ INFO ─┐

ⓐ ул. Светланская, 33
ⓖ 43.115801, 131.887471
ⓗ 월-금 08:30-23:00 토·일 10:00-23:00
ⓟ 콜드브루 ₽250~, 카페라떼 ₽175~
ⓘ @koffein_vl　ⓜ Map → 3-C-3

┌─ If You Have Time. ─┐

Шоколадница 샤깔라드니짜

러시아 전역에 매장을 둔 카페 체인. 모자와 안경을 쓴 커피콩이 로고인 걸 보면 커피숍 같지만, 음료뿐만 아니라 제대로 된 식사까지 할 수 있다. 특히 초콜릿 음료는 정말 진득하고 달콤!

ⓐ ул. Светланская, 13
ⓖ 43.11658, 131.88267　ⓣ (423) 241-18-77
ⓗ 일-목 08:00-21:00, 금-토 08:00-24:00
ⓟ 따뜻한 초콜릿 ₽150~　ⓜ Map → 3-B-2

Tip.

핫초코는 코코아가 아니다!
러시아 말로 '핫초코' 즉, горячий шоколад(가랴치 샤깔랏)는 코코아가 아니다. 그냥 리얼 초콜릿을 뜨겁게 녹인 걸쭉한 음료다. 떠먹는 초콜릿 맛!

EAT UP
10

Alcohol & Music :
음악 한 스푼, 술 두 스푼

낮보다 밤이 아름다운 도시! 도시가 옷을 갈아입듯, 사람들도 분위기를 바꿔
입는다. 음악에 취하고, 웃고, 이야기하며 춤춘다. 이곳의 방식대로 고된 하루를
정리하고 싶다면 일찍 잠들지 말라.

1 Moonshine
문샤인

밤이 내리면 블라디보스톡엔 두 개의 달이 뜬다. 그중 하나가 바로
'문샤인'. 이곳의 달빛이 밝혀지면 순식간에 많은 젊은이들이 발길이
이어진다. 허름한 듯 감각 넘치는 인테리어와 은은한 내부 조명이
따스함을 준다. 칵테일 한 잔 마시며 이어지는 대화는 이 밤의 끝을 잡고.

INFO
(A) ул. Светланская, 1 (G) 43.11716, 131.87969
(T) (423) 207-70-51 (H) 일-목 17:00-02:00, 금-토 17:00-04:00
(P) 칵테일 ₽500~, 음식 ₽500~
(I) @moonshinebar (M) Map → 3-B-2

Plus Info.
역시 보드카의 나라!
단체로 오면 함께 즐기기 좋은 샷 드링크, 숏(шот).
보드카에 주스와 시럽을 더한 칵테일로, 40ml 잔에
마신다. 적게는 6잔, 많게는 24잔 정도 시켜 서로
대결하며 마시기도 한다. 주로 대중적인 바에서
찾아볼 수 있는 메뉴.

Moonshine 문샤인

2 Old Fashioned Gastrobar
올드 패션드 가스트로바

밤이 되면 유리 테라스가 빛을 발하며 분위기를 더해 주는 가스트로바.
내부로 들어가면 옛날 감각의 신비함이 뿜어져 나오는 느낌이다.
칵테일 종류가 많아 메뉴를 받아 든 순간 뭘 마실지 고민하게 될지도
모르겠다. 무엇이 됐든 젊은 바텐더가 최고의 작품으로 탄생시켜 선사할
것이니 마음 가는 대로 고르자.

┌─ INFO ─┐
Ⓐ ул. Петра Великого, 4 Ⓖ 43.11327, 131.89256
Ⓣ (423) 279-10-79 Ⓗ 일-목 12:00-24:00, 금-토 12:00-02:00
Ⓟ 칵테일 ₽400~ Ⓘ @oldfashioned_gastrobar Ⓜ Map → 3-D-3

3 Atel'ier Bar
아뜰리에 바

분위기로 마시는 끝판왕 칵테일 바!
조명과 어우러진 내부가
신비스럽기까지 하다. 바텐더에게
맞춤형 칵테일 주문이 가능하다.

┌─ INFO ─┐
Ⓐ ул. Светланская, 9
Ⓖ 43.1166, 131.8816
Ⓗ 일-목 12:00-02:00 금-토 12:00-04:00
Ⓘ @atelier_bar_vl
Ⓜ Map → 3-B-2

Tip.
칵테일의 향을 좌우하는 베이스!
칵테일은 베이스가 맛과 향을 좌우한다. 직원
추천도 좋지만 결국, 개인 취향.

❶ ром 럼 : '해적의 술' 럼은 감미로운 향을
　가졌다. 칵테일의 달콤한 맛과 잘 어울린다.
❷ джин 진 : 주니퍼 베리의 독특한 향을 품은
　투명한 베이스. 진 토닉이 대표적이다.
❸ водка 보드카 : 무색무취 러시아 술. 보드카
　칵테일은 첫 단맛에 끝은 진한 소주 맛.
❹ виски 위스키 : 맥아와 곡류로 만든
　부드러운 갈색 술. 칵테일에 그 풍부한 향이
　느껴진다.
❺ текила 테킬라 : 투명한 멕시코 술.
　라임, 레몬, 오렌지 주스를 넣은 칵테일로
　주로 마신다.

Tip. 분위기 있게 뱅쇼 한 잔?

Глинтвейн 글린뜨베인
레드 와인을 베이스로 한 따뜻한 술.
우리에게는 '뱅쇼'로 알려진 이 술은
레드 와인에 설탕이나 레몬, 계피 등의
재료를 넣은 뒤 70~80도까지 덥혀
마신다. 맛있다고 홀짝홀짝 마시다가는
금방 취하니 주의할 것.

Tip. '쿠쿠'에 입장하려면?

사람이 한창 많은 새벽 시간대에는 입구에서
컨트롤이 심하다. 복장이나 외모에 신경을 쓰고
가는 것이 좋은데, 오픈 직후에 가면 입장이
한결 수월하다. 여성이 무료 입장인 날도 있다.
티켓으로 종이 팔찌를 채워준다.

Cuckoo
4 쿠쿠

블라디보스톡을 포함한 극동에서 가장 핫한 클럽.
일주일에 3일(수, 금, 토요일)만 오픈한다. 자정을 넘기고
한 시 전후로 분주해지기 시작한다. 현란한 조명 아래 그
누구도 의식하지 않고 러시아인처럼 신나게 춤출 수 있고,
시간이 늦어질수록 열기는 더한다. 테이블은 수천 루블
이상 자리 값을 지불해야 하지만, 술은 마음껏 마실 수
있으므로 단체로 오면 좋다.

INFO
Ⓐ Океанский проспект, 1a Ⓖ 43.11405, 131.88463
Ⓣ (423) 299-58-58 Ⓗ 수, 금, 토 23:00-06:00
Ⓟ 입장료 ₽0~500, 칵테일 ₽400~ Ⓦ www.cuckooclub.ru
Ⓘ @cuckoo_club Ⓜ Map → 3-C-3

Trinity Irish Pub
5 트리니티 아이리쉬 펍

스포츠와 음악, 맥주를 함께 즐길
수 있게 최적화된 기네스의 나라,
아이리쉬 펍이다. 러시아 팀의 스포츠
경기 때마다 이곳 큰 모니터로
생중계를 볼 수 있다. 또 저녁엔
음악인들의 다채로운 공연도 있다.
생맥주와 함께 하는 사람들로
즐거운 곳.

INFO
Ⓐ Океанский проспект, 48a
Ⓖ 43.12865, 131.89285
Ⓣ (423) 265-60-00
Ⓗ 일-목 12:00-01:00, 금-토 12:00-03:00
Ⓟ 기네스(500ml) ₽450~, 안주류 ₽400~700
Ⓦ www.trinityvl.ru
Ⓘ @trinityirishpub
Ⓜ Map → 4-B-2

6 Виноваты звёзды
비노바띠 즈뵤즈디

도심 북쪽에 위치한 현대적인 감각의 와인바. '잘못은 별들에게 있다'라는 의미의 발음조차 어려운
이름을 가졌다. 노출 콘크리트 인테리어가 모던한 느낌을 주는 장소로, 젊은 사람들이 하루를 이야기하고
즐기다 간다. 치즈 플레이트와 와인 한 잔이면 모든 피로를 싹 날려 보낼 수 있을 것 같다.

(INFO)
- Ⓐ ул. Октябрьская, 14
- Ⓖ 43.123829, 131.888946
- Ⓣ (423) 280-66-96
- Ⓗ 일-목 12:00-24:00, 금-토 12:00-02:00
- Ⓟ 와인(1병) ₽700~
- Ⓘ @zvezdy_vl

Plus Info.

무미 뜨롤은 1983년 결성된
블라디보스톡 출신 유명 록
그룹이다. 그룹 이름은 핀란드
작가 토브 얀손의 고전 <무미-
트롤리> (무민 캐릭터)에서
따왔다. 원년 멤버 일리야
라구쩬코(Илья Лагутенко)가
지금도 리더로 활동 중이다.

7 Мумий Тролль Music Bar
무미 뜨롤 뮤직 바

음악과 함께하는 이 밤! 저녁 10시면 사람들이
모여든다. 입구에 공지된 프로그램대로 초청
그룹이 록 공연을 펼쳐 알코올 한 잔에 노래만
들어도 배부른 곳. 그룹 '무미 뜨롤' 리더 일리야
라구쩬코가 이곳 인테리어에 직접 관여했다고 한다.
모스크바에도 이 뮤직바가 있다.

(INFO)
- Ⓐ ул. Пограничная, 6
- Ⓖ 43.11868, 131.88025
- Ⓣ (423) 262-01-01
- Ⓗ 24시간
- Ⓟ 칵테일 ₽500~, 식사류 ₽600~
- Ⓦ vvo.mumiytrollbar.com
- Ⓘ @mumiytrollbar
- Ⓜ Map → 3-B-2

Tip.

무대와 가까운 테이블은 공연 보기는 좋지만 비싼 자릿세를 별도로
지불해야 한다. 바에 앉거나, 먼 곳에서 들어 보자.

LIFESTYLE
& SHOPPING

모르면 살 게 하나도 없고, 알면 쇼핑거리 넘쳐나는 곳 블라디보스톡!
극동의 숨결이 담긴 아이템부터 달짝지근 간식거리까지.
러시아 여행의 추억을 가방에 담아갈 수 있는 기회, 놓치지 말자.

КОСМОНАВТ 65 ₽

Duck Attack
sticker

Duck Attack
sticker

наклейка 59 ₽

Duck Attack
sticker

Сундук Showroom 순둑 쇼룸

а.

Сундук
Showroom
순둑 쇼룸

Ⓐ ул. Адмирала Фокина, 10а
Ⓖ 43.1173, 131.88241
Ⓣ (423) 222-45-54
Ⓗ 11:00-20:00(동절기 11:00-19:00)
Ⓘ @bysunduk Ⓜ Map → 3-B-2

b.

It's My Shop
이츠 마이 숍

Ⓐ ул. Посьетская, 20
Ⓖ 43.109901, 131.878815
Ⓣ (423) 273-41-45
Ⓗ 11:00-21:00 Ⓘ @itsmyshopvl
Ⓜ Map → 3-A-4

с.

Бюро Находок
뷰로 나호덕

Ⓐ ул. Светланская, 33 (굼 옛 마당 2층)
Ⓖ 43.115885, 131.887585
Ⓣ (914) 791-46-91 Ⓗ 11:00-20:00
Ⓦ www.buro-nahodok.ru
Ⓘ @buronahodok_vl Ⓜ Map → 3-C-3

Modern Shop

창조적 감각 넘치는 공작소

바다 도시의 창조적 면모가 발현되는 젊은 감각의 숍. 남들과 다르면서 예술적 센스가 넘치는 현지인들의 공작소, 취향 저격 아이템과 조우해 보자.

순둑 쇼룸 Сундук Showroom

ⓐ 아르바트 골목 안쪽에 숨어 있는 아기자기한 선물 가게. 벽화 통로를 따라 들어오면 멋들어진 작품이 그려진 외관부터 딱 한눈에 들어오는 장소다. 조그만 가게 안에는 각종 귀여운 인형을 비롯해 예쁘게 프린팅된 티셔츠, 지갑, 가방, 텀블러, 액세서리 등 아이템 종류도 다 셀 수 없을 정도. 특히 도시를 테마로 하고 있는 배지나 마그네틱, 엽서 등은 소장 욕구를 불러일으키는 현지 예술가들의 작품이다. 예술 활동을 선도하는 사장님의 꿈이 담긴 이곳은 '보물상자'!

ⓑ 현지의 핫한 패션이 궁금하다면? 바다 도시를 사랑하는 디자이너들이 천연의 소재로 한 땀 한 땀 정직하게 만든 브랜드 'море(모레)'를 이 매장에서 만날 수 있다. 가격은 다소 비싼 편이지만, 자연의 색감이 살아 있는 감각적인 디자인에, 너무 화려하지도, 그렇다고 너무 밋밋하지도 않아 더욱 매력적이다. 물론 옷은 러시아 사람의 체형에 맞춘 것들이 대부분이어서 조금 부담스러울 수도 있지만, 가방, 구두, 벨트, 브로치 등 각종 소품들도 있으니 구경하면서 현지 패션 트렌드도 읽어 보자.

ⓒ 평범한 것보다 독특한 것을 좋아하는가? 그렇다면 이곳을 방문해 보길 강력히 추천한다. 소품을 하나하나 구경만 해도 신기한 게 한가득이다. 도대체 무엇에 쓰는 물건일까 호기심을 자극하는 톡톡 튀고 기상천외한 아이디어의 액세서리와 소품들, 옛날 감성마저 묻어난 아이템들도 마음을 사로잡는다. 전혀 어울릴 것 같지 않은 돌, 나무, 나사, 철재가 붙어 있는 책 표지는 시선을 압도한다. 여기에 색깔별로 효능이 다른 컬러풀 커피까지 함께하면 창조적인 모던함의 완성!

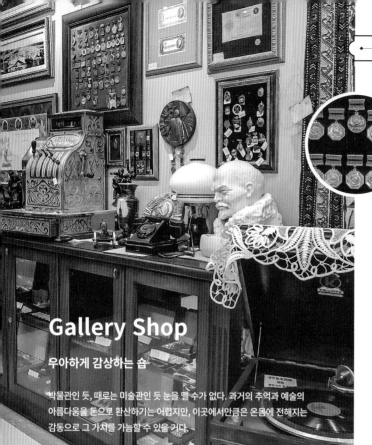

Gallery Shop

우아하게 감상하는 숍

박물관인 듯, 때로는 미술관인 듯 눈을 뗄 수가 없다. 과거의 추억과 예술의
아름다움을 돈으로 환산하기는 어렵지만, 이곳에서만큼은 온몸에 전해지는
감동으로 그 가치를 가늠할 수 있을 거다.

라리쩨뜨 골동품 갤러리 Антикварная галерея Раритет

Антикварная галерея Раритет
라리쩨뜨 골동품 갤러리

Ⓐ ул. Посьетская, 28
Ⓖ 43.112573, 131.879990
Ⓣ (423) 241-21-21 Ⓗ 화-토 11:00-19:00(일요일 예약 개방, 월요일 휴무)
Ⓦ www.raritetdvr.ru ⓘ @raritet_vladivostok Ⓜ Map → 3-B-4

Ностальгия Арт-галерея
나스딸기야 아트 갤러리

Ⓐ ул. Морская 1-я, 6/25 (2층)
Ⓖ 43.112583, 131.878783
Ⓣ (423) 251-06-08
Ⓗ 09:00-19:00
Ⓜ Map → 3-A-4

Арт-галерея Версаль
베르살 아트 갤러리

Ⓐ ул. Светланская, 10 (베르살 호텔 로비)
Ⓖ 43.11674, 131.87971
Ⓣ (423) 241-18-54 Ⓗ 10:00-18:00
Ⓦ art-versal.ru Ⓜ Map → 3-B-2

ⓐ 옛 물건 좋아하는 사람이면 꼭 가
봐야 할 장소. '진품'만 모인 이곳은 보물
가득한 타임캡슐 박물관 같다. 제정시대
주화와 이콘(성화), 옛날 타자기, 금전
등록기, 소련 배지에 훈장까지 볼거리
천국이다. 특히 작은 배지나 주화는
여행객들의 인기 기념품이다. 출입구가
닫혀 있으면 벨(ЗВОНОК)을 누르자.
라리쩨뜨에서는 해외 반출 가능한
골동품일 경우, 구매자가 여권 사본과
수수료(P5,000~7,000)만 지불하면 반출
허가증 발급도 대행해 주고 있다.

ⓑ 현지 예술가들의 그림과 다양한
조형물로 가득한 곳. 많은 이들에게
예술이 주는 아름다움을 전하기 위해
1988년 오픈한 갤러리로, 바다와 천혜의
자연을 담은 풍경화가 눈길을 끈다. 크지
않은 공간이지만 한쪽에는 미술 작품이,
다른 쪽에는 장식용 조형물이
전시되어 있다. 1층에는 '나스딸기야'

TIP

오래된 작품들은 구경으로 족하다!
러시아에서 문화적 가치가 있는
예술품이나 골동품은 해외 반출이 어렵다.
원칙적으로 러시아 문화재청의 허가를
받아야 가져올 수 있는데, 절차만 최대
7일이 걸린다. 구입을 원한다면 해당
작품이 해외 반출 허가(разрешение на
вывоз) 대상인지, 허가 대행이 가능한지
가게에 필히 문의하자.

레스토랑과 카페가 있으니 쉬었다
가도 좋다.

ⓒ 유서 깊은 베르살 호텔 건물 내내
위치한 아트 갤러리이다. 복도와 로비
벽을 메우고 있는 명화는 아나톨리
세르게예프 화백의 작품으로, 모두
판매용이다. 호텔에 걸린 그림 하나하나
보는 것만으로 미술관에 온 기분이
난다. 그 옆 기념품 가게에도 보물이
한가득이니 놓치지 말 것.

전통 기념품 가게
러시아에 왔다면 모름지기 빠질 수
없는 것이 바로 '전통 기념품' 쇼핑!
여기서 뭐 하나는 사 들고 가야
러시아 다녀왔다고 큰소리칠 수
있을 거다.

VLAD GIFTS
블라드 기프츠

a.

입구에서 큰 마뜨료쉬까가 반기는 중앙광장 뒤편 3층짜리
기념품 가게. 접근성이 좋고, 단체 관광객이 많다. 목각
인형부터 작은 술잔, 블라디보스톡 엽서까지 전통 기념품
위주로 선택의 폭이 넓다. 기념 삼아 사 가기 좋은 콜렉션으로
이루어졌는데, 가격이 저렴한 편은 아니다.

Ⓐ ул. Корабельная набережная, 1а Ⓖ 43.11445, 131.88607
Ⓣ (423) 200-12-15 Ⓗ 09:00-20:00 Ⓦ vladgifts.ru
Ⓘ @vladgifts Ⓜ Map → 3-C-3

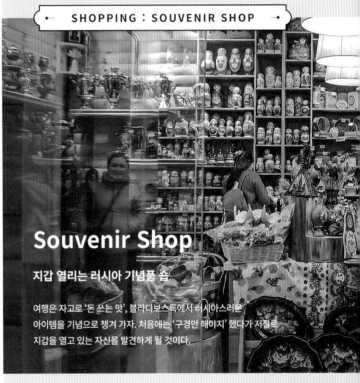

Souvenir Shop

지갑 열리는 러시아 기념품 숍

여행은 자고로 '돈 쓰는 맛', 블라디보스톡에서 러시아스러운
아이템을 기념으로 챙겨 가자. 처음에는 '구경만 해야지' 했다가 저절로
지갑을 열고 있는 자신을 발견하게 될 것이다.

b.

Русская горница
루스까야 고르니짜

러시아 수공예 기념품 가득한 '러시아 헛간'. 공간이 넓지는
않지만, 통나무집 콘셉트의 인테리어와 밝은 조명으로 모든
제품이 다 예뻐 보인다. 그중에서도 장인의 손을 거친 인형,
그릇 등 공예 작품, 러시아 전통 주전자 '사모바르(самовар)'가
가장 큰 볼거리다. 아께안스키 대로 시계탑 건물 근처에
위치한다.

Ⓐ Океанский проспект, 11 Ⓖ 43.117678, 131.886042
Ⓣ (967) 958-03-35 Ⓗ 10:00-20:00 Ⓘ @vlad_souvenirs
Ⓜ Map → 3-C-2

Traveler's
트래블러스

c.

마뜨료쉬까부터 보드카까지 러시아 기념품을 한데
모아 놓은 원스톱 쇼핑에 최적화된 가게. 자작나무
인테리어가 돋보이는 매장 한쪽에 알리스 커피도 작게
입점해 있다. 스포츠 해안로에 있는 원통형 수족관 건물
오른편에 있다. 시티투어 버스의 출발지이기도 하다.

Ⓐ ул. Батарейная, 4 Ⓖ 43.12111, 131.87663 Ⓣ (423) 239-08-78
Ⓗ 10:00-18:00 Ⓜ Map → 3-A-1

Imperial Porcelain
임페리얼 포슬린

블라디보스톡에서도 제정 러시아 당시 수도 상트페테르부르크의 품격을 담은
황실 찻잔을 구입할 수 있다. 바로 '황제의 자기'라 불리는 임페리얼 포슬린 매장을
보석 전문 상가 '이줌루드(Изумруд)' 쇼핑센터에서 만나 볼 수 있는 것. 단, 찻잔
하나에 최소 2,000루블 이상은 쥐야 하니 살 생각이 있다면 큰맘 먹어야 할 것이다.

Ⓐ Океанский проспект, 16
  (이줌루드 쇼핑센터 1층)
Ⓖ 43.118117, 131.886760
Ⓣ (914) 717-00-79
Ⓗ 10:00-19:00
Ⓘ @imperatorskiy.farfor
Ⓜ Map → 3-C-2

d.

e.

Darwell
다르웰

가죽 제품부터 지갑, 라이터, 술잔, 컵, 시계, 장식품 등 비즈니스
파트너 또는 귀한 손님에게 선물하기 적합한 고급 상품이
가득한 곳이다. 가격은 꽤 나가는 편. 이곳의 가장 러시아적인
제품을 누군가에게 선물한다면 받는 당사자는 제대로 대접받는
느낌일 것이다. '선물용품(Подарки)' 매장 내 한 코너를
차지하고 있다.

Ⓐ ул. Семёновская, 25 Ⓖ 43.118064, 131.887266
Ⓣ (423) 243-35-61 Ⓗ 10:00-19:00
Ⓘ @darwell.biz Ⓜ Map → 3-C-2

고급 선물
선물에도 품격이라는 것이 있다.
예술과 멋이 있는 러시아의 고급
선물은 구입하는 사람의 지갑은 가볍게
만들어도 선물 받는 사람을 더욱
반짝반짝 빛나게 하는 힘이 있다.

루스까야 고르니쩨 Русская горница

Универмаг Флотский
해군 용품 상점

60년이 넘는 역사를 가진 블라디보스톡 해군 용품 가게로
구경만 해도 신기하다. 태평양 함대 선원과 해군 생도의 옷,
그들의 모자와 가방, 수건, 컵 등 다양한 제품을 판매한다.
그중에서도 다양한 색깔의 해군용 줄무늬 셔츠는 베스트
인기 상품. 누구나 기념으로 구입 가능하다.

Ⓐ ул. Светланская, 18 Ⓖ 43.116443, 131.881571 Ⓣ (423) 241-30-03
Ⓗ 월-금 10:00-19:00, 토-일 10:00-18:00 Ⓜ Map → 3-B-2

f.

특별한 선물
뜻깊은 기념품이 필요한가? 그렇다면
바다 도시에만 있는 아이템은 어떨까.
이곳 항구 도시 사람들이 즐겨 입는
옷과 자주 쓰는 각종 아이템은 나름의
큰 의미를 부여해 주리라.

ИП ШУ
02.07.201

Матрёшка 마뜨료쉬까

Memories of Russia

러시아를 기억하는 기념품

러시아에 오면 어떤 기념품을 사 가야 할까? 다소 뻔해 보이는
아이템일지라도 결국 나중에는 러시아와 블라디보스톡, 그리고 여행이 준
추억을 떠올리는 소중한 타임머신으로 남을 것이다.

a. Матрёшка 마뜨료쉬까 | 러시아 목각인형

러시아 여행자라면 하나쯤은 꼭 사 가는 '까도 까도 나오는' 전통 목각인형.
19세기 말, 동화책 삽화가 세르게이 말류틴이 일본 인형 '다루마'에서
아이디어를 얻어 만든 것이 그 기원이다. 마뜨료쉬까는 러시아어 '어머니'에서
파생된 단어로, 모성과 풍요를 상징한다. 러시아 전통 의상을 입고 부드러운
미소를 짓고 있는 모습만 봐도 마음이 넉넉해진다. 인형 속 차곡차곡 들어
있는 작은 인형이 적게는 세 개, 많게는 수십 개에 달한다. 정치인이나 스포츠
스타 마뜨료쉬까도 인기. 정교할수록 비싸진다.

b. Шапка 샤쁘까 | 털모자

겨울이면 더욱 절실해지는 털모자. 러시아에서 모자 없이 다니는 건 자살
행위나 다름없다. 추위를 버티게 해 주는 따뜻한 '샤쁘까'는 그 종류도 다양하다.
이마 부분에 모피와 양쪽으로 귀 보호 덮개가 있는 '우샨까(ушанка)'가 가장
일반적이며, 원통 모양 '꾸반카(кубанка)'는 멋쟁이 여성의 몫이다. 한국에서
쓰기는 부담돼도 역시 기념품으로는 제격이다. 하지만 부르는 게 값.

⊢ **TIP** ⊣

어떤 것이 좋은 마뜨료쉬까일까?

크다고 무조건 좋은 건 아니다. 인형들이 잘 열리고 닫히는지, 마감이 제대로 됐는지
꼼꼼히 확인하자. 인형 바닥에 작가의 사인이 있는지, 막내 인형까지 붓 터치의 정교함이
살아 있는지도 살펴볼 것.

⊢ **TIP** ⊣

털모자, 아무거나 사지 마세요!

털모자는 꼼꼼히 살펴보자. 모피의 결이 제대로 됐는지, 털은 촘촘한지, 사이즈가 맞는지를
보고, 일반 모자의 경우 안감이 이중으로 됐는지 꼭 확인하자. 홑겹이면 바람이 모자를 뚫고
들어와 머리가 시릴 것이다.

c. Императорский фарфор
임페리얼 포슬린 | 러시아 황실 도자기

1744년 로모노소프 왕조 당시 상트페테르부르크
설립 이래 가장 오랜 역사를 가지고 있는
황실 자기. 엘리자베타 여제 때 제조된 고급
자기는 지금도 그 명성을 이어가고 있다.
깊은 전통만큼이나 찻잔과 주전자에 온통
고급스러움이 묻어난다. 소장만으로도 너무나
만족스러운 부엌 장식품이다. 코발트빛 튤립
무늬는 고급스러운 패턴에 금빛 포인트가 들어가
있어 꾸준히 사랑받는 모델이다.

d. Гжель 그젤 | 러시아 서민 도자기

임페리얼 포슬린이 귀족층이라면, 그젤은
서민층으로 볼 수 있는 도자기다. 17세기 초
황제의 명으로 모스크바 남동쪽에 위치한 '그젤'
지역에서 점토를 채취하기 시작한 것이 기원이다.
하얀 자기에 청색 물감으로 그려진 그림이
단순하고 소박해 보이지만, 나름의 멋이 있다.
찻잔, 접시 등 식기류뿐만 아니라 장식품으로도
인기가 많다. 대중적 아이템으로 황실 자기보다는
가격 부담도 한층 덜하다.

e. Сувениры СССР 소련 기념품

한껏 옛 멋 뽐내는 소련 기념품도 나름대로 소장
가치가 있다. 공산주의 상징인 붉은 낫과 망치, 별,
멋들어진 쌍두독수리가 붙은 스테인리스 군용
물병과 잔, 접이식 물잔은 묘하게 눈길을 끈다.
가죽으로 덮인 제품들은 고급스러움을 더한다.
구매욕을 불러일으키는 장식용 세트는 멋짐 폭발.
선물이나 소장하기 위한 기념품으로 이만한 것이
없다.

f. Подстаканник 고급 컵 받침과 유리잔

시베리아 횡단 열차에서 많이 만날 수 있는 일명
'러시아 철도청 컵'. 멋스러운 은색과 금색의
컵 받침에 담긴 유리컵은 그냥 마시는 물도 더
맛있게 하는 효과가 있다. 컵 받침에 새겨진
문양은 쌍두독수리나 제정 러시아 느낌이 가득한
것들로 다양하다. 러시아적인 소장 가치가 있는
선물이다. 컵 받침 문양이 정교하게 만들어진
상품일수록 가격은 비싸다. 컵 받침과 유리잔은
반드시 세트로 구매해야 받침이 의미가 있다.

블라디보스톡 기념품

블라디보스톡을 기억할 수 있는 특별한 기념품이라면?
등대, 선박, 닻 모양을 한 아이템이 항구 도시의 상징성을
더해 줄 것이다. 하늘색과 흰색이 조화로운 예쁜 바다
액세서리에 주목하자. 블라디보스톡이 그려져 있는
마그네틱, 그림, 옛날 엽서도 좋다. 조금은 어설퍼 보여도
하나하나가 의미 있다.

화려한 러시아 단골 기념품

러시아 전통 여성 의상 사라판(Сарафан), 눈부시게
화려한 달걀 공예품, 화려한 보드카 잔 세트는 보기만
해도 갖고 싶어지는 러시아의 단골 기념품이다.

Alcohol Beverage in Russia

술의 온도는 40도

러시아를 논하는데 '술'에 빠지면 섭섭하다. 러시아인의 영혼의 물 보드카는 물론이고 깊고 진한 맛의 맥주까지 종류는 왜 그리 많은지! 아마 알코올 매장에 발을 들이면 맛 보고 싶은 게 많아 고민에 빠질 것이다.

보드카 водка

'물(вода)'을 의미하는 러시아 생명수 보드카는 무색·무미·무취의 증류주다. 주원료는 곡물과 감자로 도수는 40도! 주기율표의 창시자 멘델레예프가 생각한 이상적인 알코올 도수는 38도였으나, 40도가 된 건 세금을 적게 내기 위해서였다는 후문.

ⓐ 벨루가
러시아의 프리미엄 보드카. 투명한 병에 은색 띠, 가운데 철갑상어가 붙어 있어 고급스러운 디자인을 자랑한다. 한국인이 디자인했다는 철갑상어의 로고는 병에서 분리가 되므로, 따로 기념 삼아 간직해도 좋다.

ⓑ 루스끼 스딴다르뜨
'러시아의 표준(standard)'이라는 뜻의 보드카. 로고에 러시아를 상징하는 독수리와 곰이 있다. 모범생 같은 디자인만큼이나 절제되고 규격화된 이 보드카는 전 세계에 수출하고 있어 이름값 제대로 하는 효자 상품이다.

ⓒ 하스끼
길쭉한 병 중앙에 시베리안 허스키의 발자국이 깊숙하게 박혀 있는 보드카. 옴스크에 생산 기반을 가지고 있는 시베리아 브랜드 '하스끼'는 차별화된 저온 정제로 한층 깨끗한 양질의 보드카를 만들어 주류 시장에서 어필하는 중이다.

ⓓ 벨라야 비료스까
'흰 자작나무'란 이름만큼 맑고 깨끗한 느낌의 보드카. 시베리아의 맑은 물로 만들었다. 불투명한 유리병 가운데 비치는 동화 같은 그림은 이 보드카만의 독보적인 트레이드 마크이다.

ⓔ 딸까
'딸까, 말까?' 고민하게 만드는 보드카계 참이슬. 노보시비르스크 브랜드로, 고급 원료에 시베리아 야생초를 더하여 부드러운 맛이 일품이다. 가격도 착한 편.

Хаски

BELUGA

Белая берёзка

Русский стандарт

Талка

106

(PLUS)

보드카, 잘 마시려면?
보드카는 냉동실에 보관하면 점액질로
변하는데, 이때가 가장 알코올 향 없이 마시기
수월하다. 술술 잘 넘어가긴 하겠지만, 한두 잔
마시다 보면 금세 취할 것이다.

러시아의 Тост 또스뜨(건배사) 문화
러시아 술자리에서는 건배사를 마칠 때까지
잔을 드는 것이 예의인데, 짧게 끝나는 법이 없어
팔이 아플 정도. 내 차례가 오면 짧게 외치자.
"За здоровье! 자 즈다로비에(건강을 위해)"

러시아 술자리, 첫 잔과 마지막 잔은 원 샷!
첫 잔은 무조건 "До дна 다 드나" 즉, 원 샷으로
비워야 한다. 술자리 파하기 직전 막 잔은 "На
посошок! 나 빠싸쇽"이라고 부르는데 이때도
원 샷! 상대방의 잔을 채워 주는 건 러시아도
예외는 아니다.

러시아인의 알코올 사랑
키예프 공국 시절 블라디미르 대공은 국교를
선택할 당시 음주가 주는 기쁨만큼은 절대
포기하지 못했다. 그래서 술을 엄격하게 금하는
이슬람교는 제외시키고 정교회를 받아들이게
되었다고. 러시아인의 알코올 사랑은 종교를
좌지우지할 만큼 대단하다.

· БАЛТИКА ·

· Старый Мельник ·

· Золотая бочка ·

맥주 пиво
러시아에 오면 맥주 종류가 너무 많아서 선택
장애가 생긴다. 물론 유럽 맥주도 많지만,
그보다는 러시아에 왔으니 진한 맛의 현지
브랜드로 마셔 보자. 맥줏집에 간다면 생맥주,
'라즈리브노에(разливное)'를 달라고 하자.

ⓐ **발찌까**
번호별로 맛이 다른 러시아 국민 맥주이다.
번호가 커질수록 도수도 높아진다.
0번은 논 알코올, 마지막 9번은 알코올 도수가
가장 높은 맥주. 그밖에 6번은 흑맥주, 8번은
밀맥주이고, 대중들은 특히 3번 클래식 맥주와
7번 수출용 맥주를 가장 많이 찾는다.

ⓑ **스따리 멜닉**
'옛날 풍차' 맥주 스따리 멜닉은 발찌까와 나란히
현지 인기 브랜드이다. 깊은 풍미에 부드러운
맛이 더해진 일품 맥주. 초록 병 맥주는 약간
쓴 필스너 맛에 가깝다. 오크통 모양 디자인은
독보적이라 나도 모르게 손길이 더 간다.

ⓒ **잘라따야 보치까**
'황금빛 맥주통'이라는 뜻의 잘라따야 보치까는
독일농업협회(DLG)가 주최한 국제대회에서
수상의 영예를 얻은 브랜드이다. 금빛을 두른
라벨 내 색깔은 조금씩 다른데, 빨간색은 도수가
높고(6.8%), 초록색은 클래식, 파란색이 가장
부드러운 라이트다.

도수별 마실거리

ⓐ45도 **Уссурийский бальзам
우수리스키 발잠**
도수가 무려 45도에 달하는 로컬 약술.
우수리스크 타이가 야생초가 25종이 들어간,
그야말로 제대로 된 엑기스다. 보통 식후, 차나 음료에
소량 넣어 마신다. 식욕이 살아나고, 감기 예방, 원기
회복에 도움이 된단다.

ⓐ12도 **Грузинское вино 조지아 와인**
코카서스 국가 중 하나인 조지아는 와인의
시초 국가로 알려졌다. 역사와 전통의
조지아 와인을 저렴한 가격에 구입해 보자. 와인
진열대의 조지아(Грузия) 라인에서, 달콤한
맛(полусладкое) 와인을 선택하면 후회 없다.

ⓐ1도 **Квас 크바스**
호밀과 보리를 발효시켜 만든 갈색 슬라브
전통음료로, 알코올 성분은 1% 내외 소량 들어 있다.
달콤하고도 시큼한 우리의 보리 탄산수 같은 맛!
마트에서는 주류 파트가 아닌 일반 음료 판매대에
진열되어 있다.

시내 주류 백화점

Винлаб 빈랍 ▼ винлаб
시내 곳곳에 있는 빈랍은 특별히
벨루가 보드카의 가격이 착하다. 보랏빛
배경의 와인잔 로고를 찾아가자.

아르바트 거리
Ⓐ ул. Адмирала Фокина, 3а
Ⓖ 43.118058, 131.880885
Ⓜ Map → 3-B-2

알레우츠카야 거리
Ⓐ ул. Алеутская, 43
Ⓖ 43.120045, 131.883636
Ⓜ Map → 3-B-1

아께안스키 대로
Ⓐ Океанский проспект, 15/3
Ⓖ 43.119194, 131.886599
Ⓜ Map → 3-C-2

빠그롭스키 공원 근처
Ⓐ Океанский проспект, 29
Ⓖ 43.123018, 131.887846
Ⓜ Map → 3-C-1

Дилан 딜란 ⊙ ДИЛАН
갖가지 종류의 술이 가득한
블라디보스톡의 오랜 주류 백화점이다.
우리나라 소주도 종종 보인다.

스베틀란스카야 거리
Ⓐ ул. Светланская, 13
Ⓖ 43.116631, 131.882809
Ⓜ Map → 3-B-2

수하노바 거리
Ⓐ ул. Суханова, 11
Ⓖ 43.117176, 131.895297
Ⓜ Map → 3-E-2

(TIP)

러시아는 도시마다 조금씩 차이는 있지만, 마트
에서 저녁 10시부터 아침 9시까지는 주류 판매가
법적으로 엄격하게 금지되고 있다. 이 시간을 피해
미리 사 두자. 참고로 한국 입국 시 주류는 1L 이하
1병만 세금이 면제된다.

약품 Аптека

천혜의 자연에서 채취한 야생 원료로 만든 건강보조제는 현대인의 필수품. 한국에선 귀한 대자연의 산물을 여기서는 어렵지 않게 구할 수 있다. 가까운 약국이나 여행자 기념품 가게에 찾아가면 된다.

ⓐ Бефунгин 베푼긴(차가버섯 엑기스)

자작나무 수액을 먹고 자란 천연버섯 '차가(Чага)'는 암을 예방하고 위장 장애 개선 효능이 있다. 엑기스나 가루, 캡슐 등을 약국이나 각종 기념품 가게에서 살 수 있다. 엑기스는 보통 작은 병(100ml)에 들었고, 가격은 400~500루블 내외다.

TIP

베푼긴 음용 방법
① 따뜻한 물 150ml를 준비한다.
② 베푼긴 병을 잘 흔들어 주고 티스푼 3술을 물에 넣고 섞는다.
③ 매일 식전 30분 크게 1술 하루 3번 음용한다. ④ 장기복용보다는 3~5개월 복용 후 반드시 7~10일 쉬어주고 반복해야 효과적이다.

← SHOPPING : RUSSIAN HEALTH FOOD →

Russian Health Food

러시아에서 찾은 건강

러시아에 가서 건강을 사 오자! 대자연의 결정체가 선사하는 진한 맛과 달콤한 향은 우리의 몸을 치유해 주고 기분까지 맑게 만들어 줄 것이다.

ⓑ Экстракт трепанга 해삼 엑기스

옛 이름 '해삼위' 블라디보스톡에서 '바다의 삼'을 지나칠 수 없다. 해삼(трепанг뜨리빤)은 단백질과 영양이 풍부해 피부를 깨끗하게 하고, 상처 재생 효과도 탁월하다. 캡슐과 엑기스가 있는데, 1,000루블을 훌쩍 넘는 가격이다.

약국을 찾는다면

Ovita.ru 약국
극동지역의 약국 체인으로 블라디보스톡 어디서든 연보라색 'АПТЕКА' 간판을 찾으면 된다.

아르바트 거리
Ⓐ ул. Адмирала Фокина, 27
Ⓖ 43.11697, 131.88621
Ⓗ 07:30-22:00
Ⓜ Map → 3-C-2

스베틀란스카야 거리
Ⓐ ул. Светланская, 37
Ⓖ 43.11521, 131.88905
Ⓗ 09:00-21:00
Ⓜ Map → 3-D-3

알레우츠카야 거리
Ⓐ ул. Алеутская, 43
Ⓖ 43.120045, 131.883636
Ⓗ 월-금 08:00-20:00 토-일 09:00-18:00
Ⓜ Map → 3-B-1

아께안스키 대로
Ⓐ Океанский проспект, 13
Ⓖ 43.118170, 131.886287
Ⓗ 월-금 08:00-20:00, 토-일 09:00-19:00
Ⓜ Map → 3-C-2

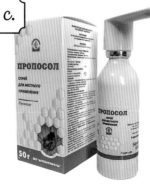

ⓒ Прополсол 쁘라빠쏠 (프로폴리스 스프레이)

면역력 강화에 효과적인 프로폴리스는 부은 목과 구내염 치료에 효과적이다. 특히 스프레이 제품이 매우 저렴하며(200~300루블 내외) 하루에 2~3번 염증이 있는 환부에 뿌리면 된다.

꿀 Мёд

러시아 꿀은 천연 그대로다. 우리 것보다 진하고, 종류도 다양하다. 마트에서 예쁘게 포장해 판매하는 꿀보다 시장에서 투박한 통에 담긴 것이 더 믿음이 간다. 몸에도 좋은 연해주 특산물 꿀, 꼭 사자!

TIP

러시아 꿀은 매우 진한 맛을 가지고 있어 소량만으로도 효과가 대단하다. 음식이나 음료에 자주 곁들여 먹는 꿀이 이곳에서는 매우 일상적인 재료라 가격도 착하다.

a.

ⓐ Липовый мёд 보리수 꿀
향이 독특하고 맛이 진한 보리수(липа 리빠) 꿀은 처음엔 점성의 액체지만, 몇 달 후에는 흰 고체로 변하는 이곳의 특산물. 적은 양으로 단맛을 극대화시킬 수 있다. 물이나 차에 녹여 마시면 잠이 잘 오고, 감기 예방에 도움이 된다. 단, 칼로리는 높다.

b.

ⓑ Крем мёд 크림 꿀
보리수 꿀에 크랜베리, 빌베리, 인삼, 잣 등을 첨가하여 만든 꿀이다. 보리수 꿀보다는 그 특유의 향이 덜 느껴져 부드럽게 먹을 수 있다. 따뜻한 물에 타서 먹거나 디저트, 음식에 곁들여 먹어 보자. 선물용으로도 무난하다.

c.

d.

ⓒ Цветочный мёд 꽃 꿀
우리에게 가장 익숙한 느낌의 꿀이다. 색상은 약간 진한 편. 맛 또한 묵직하여 적당히 희석해서 먹어야 우리 입맛에도 맞다.

e.

ⓔ Цветочная пыльца 벌 화분
이 작은 노란 가루는 벌들이 꿀을 채취해 모은 꽃가루로 로열젤리의 원재료다. 공복에 그냥 먹거나 음식에 가미하여 먹어도 좋다. 면역력 증강, 노화 방지, 콜레스테롤 억제 등에 효과적인 벌 화분은 가격마저 매우 합리적이니 놓치지 말자.

── 신선한 꿀은 이곳에서! ──

Приморский мёд 연해주 꿀
도심에 숨겨진 정말 소박한 꿀 전문점. 주인아주머니의 친절함과 저렴한 가격 덕분에 몇 개를 더 얹어서 사게 될 것이다. 종류별로 맛보고 살 수 있다. 카드는 받지 않으니 현찰을 준비해서 가자.
Ⓐ ул. Семёновская, 22
Ⓖ 43.11787, 131.88525
Ⓣ (423) 226-46-71
Ⓗ 월-금 09:30-18:30, 토·일 10:00-18:00
Ⓟ 크기별 ₽200-500, 크림 꿀 ₽300~
Ⓜ Map → 3-C-2

중앙광장 내 주말 시장
주말마다 중앙광장에서 열리는 시장에 가면 안쪽에 꿀 매장이 나란히 들어선다. 꿀과 벌집을 가득 쌓아놓고 파는데, 맛 좋고 인심 넘치는 곳에서 잘 골라보자.
Ⓐ Центральная площадь
Ⓗ 4-11월 금-토 또는 토·일 09:00-18:00
Ⓜ Map → 3-C-3

ⓓ Сотовый мёд 벌집 꿀
벌집을 한입 베어 달콤한 꿀은 입안 가득 채우고, 남은 밀랍은 삼키거나 뱉으면 된다. 벌집 꿀은 면역력 증진과 노화 방지에 탁월한데, 열을 가하면 좋은 성분들이 파괴되기 때문에 있는 그대로 먹는 것이 좋다. 가격도 비싸지 않아 부담이 없다.

ⓐ **Невская косметика 넵스카야 코스메틱**

상트페테르부르크 전통 화장품 라인으로
원료에 따라 종류가 매우 다양하다. 들장미 크림은
모든 피부 타입에, 올리브 크림과 당근 크림은
건조하고 민감한 피부에 좋다. 이중 당근 크림의
인기가 단연 최고.
들장미 크림 ₽70~, 올리브 크림 ₽70~, 당근 크림 ₽70~

ⓑ **Свобода 스바보다**

70년 역사의 모스크바
태생 화장품. 분홍색의
룩스(Люкс)는 비타민 영양
크림으로 건성 피부에 좋고,
오렌지색 얀따리(Янтарь)는
올리브 오일과 벌꿀이 들어
있어 피부 탄력에 좋다.
룩스 영양 크림 ₽70~,
얀따리 영양 크림 ₽70~

⟨ ← SHOPPING : RUSSIAN COSMETICS → ⟩

Russian Cosmetics

러시아인 미모의 비결

미인이 많기로 유명한 러시아, 그곳 여성들은 어떤 화장품을 쓸까?
유럽 브랜드도 많이 있겠지만, 건조한 러시아에 최적화된 보습력 좋고
가격까지 합리적인 천연 화장품이 우리에게는 제격이다!

ⓒ **NATURA SIBERICA 내추라 시베리카**

시베리아 천연원료로 만든 자연주의
브랜드로 혹한에서 살아남은 야생 허브만
사용한다. 가격은 다소 비싼 편이지만 믿음이
간다. 작은 핸드크림은 선물용으로 딱!
얼굴 전용 필링 젤 ₽310~, 풋크림 ₽180~,
미니 핸드크림 ₽70~

ⓓ **Чёрный жемчуг
초르니 짐축(흑진주)**

'흑진주'라는 이름답게 고급화된
화장품 브랜드로, 20대부터
60대까지 나이대별 선물하기
좋다. 포장에 적힌 '숫자+'가
대상 연령이니, 잘 맞춰서
피부에 투자하자.
노화 방지 바이오 60+ 영양크림 ₽200~

ⓔ **Бархатные ручки
바르하뜨니에 루치끼**

거친 손을 '벨벳 손'으로
만들어 주는 러시아 핸드크림
1순위. 아보카도(영양 공급),
카카오(피부결 정리) 등 원료에
따른 효능도 다양하다. 숫자
'1~5'는 유분 정도를 의미한다.
아보카도 핸드크림 ₽80~,
카카오 핸드크림 ₽80~

━ 블라디보스톡 최대 쇼핑몰 ━

ТВК Калина молл 깔리나 몰

2019년 2월 오픈한 블라디보스톡 최대 종합 쇼핑몰로,
대도시 쇼핑몰에 온 느낌이다. 대형 마트 쌈베리를 비롯해
각종 유럽 브랜드를 만날 수 있고, 한국 브랜드 '미샤'와
러시아 '내추라 시베리카' 화장품 매장도 있다. 3층에는
푸드코트와 영화관, 아이들 놀이 공간도 조성되어 있다.
시내에서 조금 떨어진 게 아쉽지만, 중앙광장에서 55번이나
62번 버스를 타면 어렵지 않게 갈 수 있다.

Ⓐ ул. Калинина, 8 Ⓖ 43.10254, 131.91707
Ⓗ 10:00-22:00 Ⓦ kalinamall.ru

ⓕ Чистая линия 치스따야 리니아

러시아 여성이라면 누구나 한 번은 사용한다는 브랜드이다. 장미꽃 추출물이 든 미셀라 워터는 화장을 지워내고, 피부를 진정시키며, 피부 독소를 제거해 주는 야무진 제품. 주로 얼굴과 눈, 입술 화장 지울 때 좋다.
미셀라 워터 ₽100~

f.

ⓖ Рецепты бабушки Агафьи 아가피야 할머니 레시피

시베리아 채약사 아가피야 할머니의 비법으로 만든 화장품이다. 데이크림은 시베리아 약초 추출액에 프로폴리스를 더해 피부 보호력이 뛰어나다. 핸드로션은 향긋함과 부드러움의 결정체.
데이크림 ₽100~, 핸드로션 ₽50~

g.

RECOMMEND

화장품 외에도 러시아 헤어 라인에 대한 인기도 대단하다. 특히 시베리아 야생초를 원료로 하는 '아가피야 할머니 레시피' 제품은 모발 상태에 따라 샴푸와 트리트먼트를 고를 수 있어 팬층이 두텁다.
모발재생 샴푸 ₽120~, 트리트먼트 ₽65~, 미니 린스 ₽40~

화장품 러시아어

화장품을 사고 싶은데, 까막눈인가? 열심히 블로그만 뒤지다 지쳤다면, 러시아어 단어 몇 개만으로 용도를 유추해 보자. 어디에 쓰고, 무슨 효과가 있는 제품인지 금방 눈치챌 수 있다.

무슨 제품일까?	어디에 쓰는 걸까?	어떤 효과가 있을까?
крем 크림	**для волос** 헤어	**очищающий** 클렌징
скраб 스크럽	**для лица** 얼굴	**питательный** 영양
маска 마스크	**для рук** 손	**самоомоложение** 안티에이징
шампунь 샴푸	**для ног** 발	**увлажняющий** 보습
бальзам 린스	**для тела** 바디	**укрепление** 강화
пилинг 필링		**смягчающий** 윤기
		защита 보호
		восстановление 재생

쇼핑센터에서 만나는 유럽

화장품과 패션이 한꺼번에 해결되는 시내 주요 쇼핑센터를 눈여겨보자. 유럽산 화장품과 의류, 각종 매장이 가득하다. 기대만큼은 아니겠지만, 실내에서 배도 채우면서 아이 쇼핑하기에는 괜찮다.

PLUS

Л' Этуаль 레뚜알

클로버 하우스 1층 향기 가득한 곳. 유럽 화장품 소매 체인 매장으로, 러시아 전역에서 사랑받는 브랜드다. 스베틀란스카야 11번 거리에도 매장이 있다.
Ⓗ 10:00-21:00

Clover House 클로버 하우스

도시 중심의 쇼핑센터. 버스 종점이라 늘 버스가 많고, 사람들로 붐빈다. 쇼핑센터 안에는 유럽산 제품 매장을 비롯해 선물, 옷, 기념품 가게 등이 입점해 있다. 지하에는 24시간 마트(Фреш 25), 6층에는 푸드코트가 있다.
Ⓐ ул. Семёновская, 15 Ⓖ 43.11883, 131.88421
Ⓜ Map → 3-C-2

러시아 화장품, 어디서 살까?

Чудодей 추다데이

'기적을 행하는' 연해주의 유명 드럭스토어. 러시아 화장품들이 한데 모여 있으며 한국 제품들도 꽤 보인다.

ТК Центральный 쩬뜨랄니 쇼핑센터

천장이 유리로 되어 있어 시원스럽다. 지하로도 연결되고 건물이 길게 이어져 공간이 꽤 넓은 편이다. 유럽과 현지 브랜드, 각종 매장이 층별로 다양하다. 꼭대기 층에는 푸드코트가 있다.
Ⓐ ул. Светланская, 29 Ⓖ 43.11593, 131.88612
Ⓜ Map → 3-C-3

PLUS

Иль де Ботэ 일데보떼

다양한 유럽화장품을 한곳에서 만날 수 있다. 매장이 크고 제품 라인도 다양하다. 멀지 않은 스베틀란스카야 37a번 거리에도 자체 매장이 있다.
Ⓗ 10:00-21:00

굼(ГУМ)
Ⓐ ул. Светланская, 33(1층)
Ⓖ 43.115582, 131.887418
Ⓗ 10:00-21:00 Ⓜ Map → 3-C-3

알레우츠키 쇼핑센터
Ⓐ ул. Алеутская, 27(2층)
Ⓖ 43.117389, 131.882664
Ⓗ 10:00-21:00 Ⓜ Map → 3-B-2

초콜릿 Шоколад

러시아 초콜릿은 뼛속까지 달콤해지는 느낌이다. 특히 블라디보스톡에
왔다면 바다 향기 머금은, 100년이 훌쩍 넘은 역사와 전통의 연해주
제과(Приморский Кондитер: ПК) 초콜릿을 공략해 보자.

TIP

어떻게 연해주 제과 것인지 알 수 있나?
포장지에 'ПК' 표시를 찾으면 된다.
제품마다 국가규격(ГОСТ) 인증 번호가 적혀
있어 믿고 먹을 수 있는 브랜드다.

Птичка 새 우유 초콜릿

세상에는 없는 맛, '새 우유(птичье молоко)' 초콜릿은 1967년 연해주 제과에서
처음 생산했다. 초콜릿 속 우무의 폭신함이 성공의 비결. 보관 기한은 단 14일, 양이
많으니 사람들과 나눠 먹자. 이름 특허 문제로 '새 우유 초콜릿'을 못 쓰게 되어
포장에는 '연해주 클래식(Приморские классические)'이라고 쓰여 있다.
Ⓟ 240g 기준 ₽270~300

SHOPPING : RUSSIAN SNACK FOOD

Russian Snack Food

달짝지근 러시아

1년 중 겨울이 반. 추운 러시아에서 잘
버티려면 당을 잘 채워야 한다. 마트에
가면 초콜릿, 유제품, 빵, 과자 등 얼마나
유혹거리가 많은지! 그래도 달콤한 행복,
참을 수 없다.

연해주 초콜릿 직영점

Приморский кондитер 연해주 제과점

마트에도 초콜릿은 많지만, 연해주 제과(ПК) 제품은 시내
직영점에서 사는 것이 저렴하다. 단, 직원에게 어떤 제품을 달라고
직접 주문해야 하는 구조. 명확한 의사 전달이 관건이다.

아르바트 거리
Ⓐ ул. Алеутская, 27 Ⓖ 43.117400, 131.882576
Ⓗ 09:00-19:00 Ⓦ www.primkon.ru Ⓜ Map → 3-B-2

알레우츠카야 거리(북쪽)
Ⓐ ул. Алеутская, 52 Ⓖ 43.12341, 131.88522
Ⓗ 월 09:00-18:00 화-토 09:00-19:00 일 10:00-18:00

Чернослив в шоколаде
자두 초콜릿

말린 자두와 아몬드에 초콜릿을 코팅한 건강 간식. 한입 베어 물면 자두의 식감과 아몬드의 고소함이 달콤함으로 어우러진다. 어른, 아이 모두 좋아할 맛이다. 고급 초콜릿이라 선물용으로 적격.
Ⓟ ₽400~430

러시아 전매특허 초콜릿!
Алёнка 알룐까

'러시아 대표' 귀여운 아가 초콜릿. 소련 시절의 대표브랜드 '알룐까'는 명불허전 초콜릿이다. 초콜릿 이름 '알룐까'는 러시아의 첫 여류우주인 발렌티나 테레쉬코바의 딸 이름에서 왔는데, 정작 지금의 표지 모델은 어느 사진작가의 8개월 된 딸 얼굴을 각색하여 그린 것이라고 한다. 견과류, 건포도, 아몬드 등 내용물도 다양하지만 단연 밀크 초콜릿이 진리다. 사이즈도 가지각색이다.
Ⓟ 60g ₽50~, 100g ₽90~150

Шоколад с морской солью
바닷소금 초콜릿

연해주 바다에서 난 소금이 들어 있는 초콜릿. 단맛과 짠맛이 매력적인 조화를 만들어낸다. 소금 덕분에 달콤한 맛은 더욱 배가되고, 깊은 맛도 살아난다. 호기심에 한 입만 먹었다가, 계속 이 맛만 찾게 되는 중독성 강한 초콜릿.
Ⓟ 65g ₽45~60, 100g ₽140~150

Шоколад с морской капустой
미역 초콜릿

도저히 어울리지 않을 것 같은 미역, 그리고 초콜릿. 블라디보스톡 사람들은 평소 미역 줄기를 즐겨 먹는데, 초콜릿에도 응용했다. 미역 맛이 두드러지기보다 초콜릿 속에 살짝 느껴질 뿐 더 부드럽게 넘어가는 반전이 있다.
Ⓟ 65g ₽45~60, 100g ₽140~150

Шоколад с морским гребешком
가리비 초콜릿

가리비의 유기화학 성분이 잘 흡수되도록 초콜릿에 고스란히 담아냈다. 인, 칼륨, 마그네슘 등 미네랄과 아미노산을 섭취할 수 있는 가리비 초콜릿은 조갯살의 식감을 느낄 수 없어도, 짭조름한 바다를 먹는 상징적인 의미를 준다.

Шоколад с морским ежом и ламинарией
성게, 다시마 초콜릿

성게와 다시마의 좋은 성분만 추출해 초콜릿에 담았다. 인성지방, 아미노산, 비타민 A, D, E 등을 그대로 옮겨놓았으니 나름 건강 간식. 초콜릿 맛이 더 강하지만, 눈을 감고 음미하며 바다의 맛을 찾아내 보자.

성게, 다시마 초콜릿과 가리비 초콜릿은 연해주 제과와 태평양 생물유기화학 연구소 합동으로 탄생한 신제품이다. 바다 산물의 좋은 성분을 그대로 살려서 초콜릿에 고스란히 담았다고 한다.

한국형 편의점

한국 사람들이 자주 찾는 초콜릿, 과자, 꿀 등 완벽하게 세팅된 한국형 편의점이 시내 곳곳에 있다. 현지의 먹거리 선물을 사려면 여기서 해결하는 것도 좋은 방법이다.

Tiko
티코 미니 마켓

롯데호텔 근처
Ⓐ ул. Семёновская, 30　Ⓖ 43.117900, 131.886519
Ⓗ 07:00-24:00　Ⓜ Map → 3-C-2

아르바트 거리
Ⓐ ул. Пограничная, 6　Ⓖ 43.118165, 131.880283
Ⓗ 08:00-24:00　Ⓜ Map → 3-B-2

스베틀란스카야 거리
Ⓐ ул. Светланская, 7　Ⓖ 43.11668, 131.8814
Ⓗ 24시간　Ⓜ Map → 3-B-2

Goodday
굿데이

기차역 근처
Ⓐ ул. Посьетская, 23
Ⓖ 43.112199, 131.879078
Ⓗ 월-금 09:00-18:00
Ⓜ Map → 3-B-4

Хлеб 빵

러시아인의 주식 빵. 매일 신선한 빵을 먹는 이곳 사람들의 일상을 따라해 보자.
부드러운 한국 빵에 비해 투박한 맛이 강하지만, 재료만 따져보면 나름의 건강식이다.

Батон 바똔
팔뚝보다 두꺼운 빵. 바게트보다는 부드러운
겉면에, 담백하고 은근한 단맛이 나는 하얀
속이 매력적이다. 러시아 서민의 빵으로, 어느
마트에서나 구할 수 있다. 맛있어서 계속 먹다
보면 열량 폭탄을 맞을 수도 있다.

Чёрный хлеб 흑빵
러시아 대표 빵. 호밀 발효 식빵으로 겉은
딱딱하지만 속은 부드럽고 쫀득거린다. 시큼해도
몸에 좋은 맛, 주로 요리와 함께 곁들여 먹는다.
종류가 다양한데 바라진스끼(Бородинский) 빵이
무난하다. 빵에 박힌 고수 씨앗을 씹으면 그 향이 꽤
강하다.

Пряники 꿀빵
러시아 국민 간식 당밀 과자.
달콤하게 코팅된 과자에 꿀,
땅콩, 건포도, 과일 등 향긋함을
더한 잼이 들었다. 모양도
가지각색인데, 마트에는 주로
둥근 꿀빵과, 직사각형 똘라
꿀빵(Тульский пряник)이 많다.

Кондитерские изделия 제과
러시아 마트에는 플라스틱 용기에 담긴 과자가 많다. 종류도 다양한데 신기한 점은
어느 것 하나 맛없는 게 없다는 사실. 달콤하면 맛있는 건 역시 이곳의 진리인가?

Картошка 까르또쉬까
검은 떡 덩이, 정체가 뭘까? 이름은
러시아어로 '감자'지만, 주원료는 감자가
아니다. 빵 조각, 꿀, 달걀, 견과류와 말린
과일을 덩어리로 압축해 연유를 가미한 서민
간식이다. 상상 그 이상의 맛이다.

Орешки со сгущёнкой 땅콩 과자
러시아에도 호두과자가? 한입 베어 먹으면 상상과 전혀 다른 맛에
눈이 확 뜨인다. 부드럽고 달콤한 과자 속에 오랫동안 끓여낸 연유가
한가득. 호두과자와는 또 다른 매력으로 중독성이 강하다.

시내 대형 마트

Самбери
쌈베리
- Ⓐ ул. Крыгина, 23
- Ⓖ 43.08931, 131.86079
- Ⓗ 08:00-23:00
- Ⓦ www.samberi.com

토카렙스키 등대 가는 길목 대형 마트. 창고형 건물에
규모가 상당하다. 생활용품부터 식료품까지 다 있다.
알레우츠카야 거리 회색 말 건물 앞에서 주말에는 무료
셔틀(5회)을, 평일에는 등대행 버스(59, 60, 81번)를
타고 가자. 깔리나 몰(p.110)에도 입점해 있다.

Фреш 25
프레쉬 25

클로버 하우스
- Ⓐ ул. Семёновская, 15(지하)
- Ⓖ 43.11883, 131.88421
- Ⓗ 24시간 Ⓦ www.fresh25.ru
- Ⓜ Map → 3-C-2

달프레스
- Ⓐ Океанский проспект, 52а
- Ⓖ 43.12946, 131.89303
- Ⓗ 24시간 Ⓜ Map → 4-B-2

극동 러시아 대형 슈퍼마켓 체인. 관광객이 몰리는
시내 중심 클로버 하우스 매장이 제일 바쁘고 붐빈다.
빠끄롭스키 공원 근처 달프레스 지역의 매장도 꽤
크다. 24시간 영업이라 이용이 편하다.

РЕМИ
레미
- Ⓐ ул. Красного знамени, 57
- Ⓖ 43.12716, 131.9064
- Ⓗ 24시간
- Ⓦ www.remi.ru
- Ⓜ Map → 3-B-2

블라디보스톡 경제서비스 대학교(ВГУЭС) 캠퍼스
맞은편에 위치한 대형 마트.
채소와 식료품이 신선하다. 매장 옆에는 아동용품
백화점이 있다. 시내에서 고골리야 거리(ул. Гоголя)행
버스(17т, 23번)를 타고 15분이면 충분!

MILK PRODUCTS

Молочные продукты 유제품

평생 먹을 유제품은 러시아에 다 모였다. 우유, 요구르트는
물론이고 발효유, 응고 우유처럼 생소한 제품까지 지방 함유별로 마트
벽면을 가득 채우고 있다. 취향대로 골라 먹으면 된다.

Сметана 스메따나

러시아 음식에 빠지지 않는 현지식
사워크림(sour cream). 빵이나 수프,
만두에 곁들여 먹는다. 무슨 음식이든
부드럽게 넘기게 하는 마성의 맛!

Сырок 씨록

달콤한 한입 간식. 응고된 우유
뜨바록(творог)에 초콜릿 코팅을
입혔다. 첫입은 달기만 하고 이게 뭔가
싶다가도 먹고 나서 더 생각나는 맛이다.

Кефир 께피르

단맛이 하나도 없는 발효유로
장 건강엔 이만한 것도 없다. 시큼한
맛 때문에 처음엔 별로인데 진가를
알게 되면 몸이 계속해서 찾게 될 것.

Йогурт 요구르트

요구르트 종류는 셀 수 없이 많다.
떠먹는 요구르트는 기본, 병이나
팩으로 된 것도 있고, 내용물은
과일부터 곡물, 초콜릿까지 다양하다.

Творожок 뜨바라족

응고 우유에 공기를 주입하여
한층 부드럽고 달콤한 유제품.
요구르트보다는 속이 덜 부담되고
입안에서 녹는 맛이 일품이다.

Пломбир 쁠롬비르

아이스크림(мороженое 마로줴너예)
최고봉. 프랑스 태생인데, 소련 때
레시피를 수정하고 국가 표준으로
생산했다. 부드럽고 풍부한 맛!

러시아의 차(чай) 선물

RECOMMEND

러시아는 홍차 문화권으로, 17세기 중국에서 차를 받아들인 것이 그 시초이다.
여전히 러시아 내 홍차의 인기는 탄탄하며, 덕분에 블라디보스톡에서도 양질의 유럽
차를 저렴하게 구입할 수 있다. 종류가 많지만, 현지인은 주로 은은한 Greenfield나
신선한 컬렉션의 TESS 브랜드를 선호한다. 선물하기도 부담 없는 가격이다.

신선함 가득한 도시의 재래시장

사람들의 '살아가는 힘'이 느껴지는 시장. 블라디보스톡 현지인의 일상을 들여다볼
수 있는 가장 좋은 거울이다. 특히 이곳에서는 우리 눈에 익숙한 것들이 자주 보여 더
반가울지 모르겠다.

Первореченский Торговый Центр 뻬르바야 레치까 시장

한적한 아파트 단지 속 70여 년 된 시장. 작은 장터에서 시작해 지금은 커다란 건물 안에 다
모여 있다. 생활용품 및 옷 가게, 약국, 기념품, 식료품점 등을 두루 갖췄다. 식료품 매장에는
한국 식자재들도 보여 반갑다. 깔끔한 매장 내 고기, 해산물, 채소와 과일 등 품질은 좋지만,
시장치고는 가격이 좀 있는 편. 시내에서 북쪽에 있다.

Ⓐ Острякова проспект, 13
Ⓖ 43.13342, 131.89932
Ⓗ 지상층 09:00-19:00,
1층 09:00-20:00, 2층 10:00-19:00
Ⓦ www.tc1rechka.ru
Ⓜ Map → 4-B-1

Центральный рынок на Комарова 까마로바 중앙시장

재래시장을 축소해 놓은 듯한 시내 속 작은 장터. 천장의 파란색 육각형 무늬가 인상적인
빵 뚫린 식료품 매장 입구에는 식자재의 무게를 잴 수 있도록 전자저울이 놓여 있다. 건너편
건물은 비교적 최근에 지어져 작은 매장이 여럿 모여 있다. 시장 자체가 크지 않으므로
빠끄롭스키 공원에 가는 길에 잠시 들러 구경하는 것도 좋겠다.

Ⓐ ул. Прапорщика
Комарова, 32
Ⓖ 43.12163, 131.88812
Ⓗ 08:00-19:00
Ⓜ Map → 3-C-1

PLUS

Корейский салат 한국 샐러드

이 당근 샐러드는 러시아에 사는 고려인이
만들어 먹기 시작해 '한국 샐러드'라 부른다.
길쭉하게 채 썬 당근에 마늘, 식초, 설탕
등의 양념을 버무려 개운한 맛이 일품이니
'까레이스끼 쌀럇'을 꼭 한번 먹어 보자.

Ярмарка на Центральной площади 중앙광장의 주말 시장

따뜻한 계절, 중앙광장에서는 금요일과 토요일, 또는 토요일과 일요일에 천막 한가득
주말 시장이 열린다. 대부분 식료품 위주로 장이 서는데, 연해주 신선한 식자재를
합리적인 가격에 구입할 수 있는 기회이다. 품목별 구역이 나름대로 정해져 있으니 잘 찾아
구경하면서 제품과 가격도 비교해 보자. 단, 겨울 시즌, 그리고 중앙광장에 행사가 있는
주말에는 장이 열리지 않는다.

Ⓐ Центральная площадь
Ⓗ 4-11월 금-토 또는 토-일 09:00-18:00
Ⓜ Map → 3-C-3

PLACES
TO
STAY

여행의 충전, 나만의 안식처

편안한 하루가 즐거운 여행을 좌우한다. 블라디보스톡의 숙소는
여느 유명 관광지처럼 멋지고 화려한 느낌은 없지만, 소박하고도 약간의
투박함을 더한다. 이 또한 블라디보스톡의 매력!

Hotel　취향대로 호텔

1　Lotte Hotels & Resorts
[5성급] 롯데 호텔

Ⓐ ул. Семёновская, 29
Ⓖ 43.118205, 131.888487
Ⓣ (423) 240-72-01
Ⓦ www.lottehotelvladivostok.com
Ⓜ Map → 3-D-2

블라디보스톡 5성급 호텔의 대표주자. 한국 브랜드 호텔이라
그런지 객실은 한층 편안한 느낌이다. 한국기업 사무실도 많이 입주해
있으며, 아래층엔 피트니스 센터와 한식당(해금강), 꼭대기엔
스카이바가 있다. 2018년 현대호텔에서 롯데호텔로 탈바꿈했으나,
건물 모습만큼은 예전 그대로다.

2　Azimut Hotel
[4성급] 아지무트 호텔

러시아 브랜드 호텔. 이곳 전망만큼은 정말 끝내준다.
아무르만을 바라보는 객실에서는 매일 그림 같은 풍경이
펼쳐진다. 객실은 다소 협소하지만, 전반적으로 시설이
깨끗하고 좋다. 언덕을 오르내리는 불편함은 있어도 스포츠
해안로와 아르바트를 도보로 갈 수 있어 접근성은 최고다.

Ⓐ ул. Набережная, 10　Ⓖ 43.114305, 131.875587　Ⓣ (423) 241-28-08
Ⓦ azimuthotels.com/Russia/azimut-hotel-vladivostok　Ⓜ Map → 3-A-3

3　Astoria Hotel
[4성급] 아스토리아 호텔

2014년 오픈한 깨끗한 호텔이다. 주변은 아파트 건물로 한적하고
빠끄롭스키 공원을 걸어서 산책할 수 있는 거리이다. 시내까지는
대중교통을 이용해야 하는 번거로움이 있지만, 시설이 깔끔하고
조용하여 쉬기 좋다. 호텔 로비의 고급 레스토랑 아가뇩(Огонёк)은
너무나도 유명한 맛집이다.

Ⓐ ул. Партизанский проспект, 44
Ⓖ 43.127149, 131.901566　Ⓣ (423) 230-20-44
Ⓦ www.astoriavl.ru　Ⓜ Map → 3-B-2

Ⓐ ул. Набережная, 20
Ⓖ 43.115433, 131.877000　Ⓣ (423) 241-12-54
Ⓦ www.hotelequator.ru　Ⓜ Map → 3-A-3

4　Гостиница Экватор
[3성급] 에크바토르 호텔

아께안 극장 근처에 소련 느낌이 물씬 나는 '적도(equator)' 호텔.
아지무트 호텔과도 가깝다. 허름한 겉모습과 달리 리모델링된 객실은
밝고 깔끔하다. 언덕 위에 있어 바다 방향의 객실에서 본 전망은
정말 최고. 테이블 위 작은 문어 인형은 호텔 손님들에게 주는
선물이니 소장해도 좋다.

TIP

7일 이상은 거주지등록 필수

블라디보스톡에서 7일 넘게 머무르게 된다면, 반드시 숙소에 거주지등록(регистрация 레기스뜨라찌야)을 요청하자. 그래야 귀국 시 출국심사에 무리가 없다.

숙소 예약 사이트 100배 활용

Booking.com 등 다양한 숙소 예약 사이트에서 시즌에 따라 프로모션 또는 할인 가격이 나올 때가 있으니 잘 살펴보자. 단, 조식 포함 여부나 무료로 취소가 되는지 확인한 후 예약할 것.

에어비앤비(Airbnb)는 잘 따져 보기

숙소 사정이 여의치 않다면 에어비앤비 이용도 괜찮다. 러시아 아파트는 보통 바깥은 허름해도 내부 수리가 잘된 곳이 많다. 위치 등 조건을 잘 따져 보고 후기도 꼭 챙겨 보고 선택하자.

5

Hotel Primorye
[3성급] 호텔 쁘리모리에

블라디보스톡 기차역 근처 단출한 3성급 호텔이다. '연해주'의 이름을 하고 있는 이 호텔은 열차 이용객들을 위한 최적의 위치. 객실이 크지는 않지만 깔끔하고 시설도 괜찮은 편이다. 1층에는 맛있는 피자를 굽는 '피자 엠(Pizza M)' 레스토랑과 한국식 빵을 굽는 베이커리 카페가 있다.

Ⓐ ул. Посьетская, 20 Ⓖ 43.110072, 131.878841
Ⓣ (423) 241-14-22 Ⓦ www.hotelprimorye.ru Ⓜ Map → 3-B-4

6

Жемчужина
[3성급] 젬추쥐나

필요한 것만 딱 갖춘 콤팩트한 '진주'라는 이름의 호텔. 스탠더드 객실과 침대는 다소 작은 감이 있지만, 리모델링 이후 전반적으로 깔끔해져 좋다. 체크아웃 이후 짐 보관 시엔 보관료(100루블)가 발생한다. 블라디보스톡 기차역에서 도보 10분 거리의 조용한 거주 지역에 있다.

Ⓐ ул. Бестужева, 29 Ⓖ 43.10987, 131.87681
Ⓣ (423) 241-43-87 Ⓦ gemhotel.ru Ⓜ Map → 3-A-4

7

Avanta Hotel
[3성급] 아반타 호텔

도심 북쪽 블라디보스톡 경제서비스대학(ВГУЭС) 구역 내에 위치한다. 근처에 기숙사 건물과 체육관 시설도 함께 있다. 캠퍼스 안이라 안전하고 조용하지만 매번 가파른 언덕을 오르내려야 한다. 오르막길의 비행기 모형은 신기한 구경거리다. 깔끔한 객실에서 내다보는 도시의 풍경은 또 새롭다.

Ⓐ ул. Гоголя, 41 Ⓖ 43.125132, 131.903716
Ⓣ (423) 240-40-44 Ⓦ www.hotel-avanta.ru Ⓜ Map → 3-B-2

8 Soul Kitchen Hotel
[부티크] 소울 키친 호텔

지금까지 이런 호텔은 없었다! 러시아 로컬 디자이너들과의 협업으로
탄생한 도시 최초 디자인 부티크 호텔. 소울 키친에서 선사하는
따뜻한 아침 식사와 오후 5시의 애프터눈 티 타임은 독보적이다.
'살고 싶어지는' 멋스러운 복층 객실엔 핸드드립 커피 세트도 준비되어
있다. 이곳의 하이라이트, 쿠킹 클래스를 비롯한 와인 클래스, 커피
클래스를 취향에 따라 신청해 보자.

Ⓐ ул. Светланская, 7(3층)　Ⓖ 43.11676, 131.88105
Ⓣ (914) 797-34-37　Ⓦ www.hotelsoulkitchen.com　Ⓜ Map → 3-B-2

My Independent Space　　나만의 독립 공간

1 Smart Office
스마트 오피스

한국식 레지던스로, 롯데호텔 근처에 있어 비즈니스에 최적화된 위치를
점하고 있다. 현지 숙소, 사무실, 비즈니스 지원 서비스를 함께 제공하는
공간이다. 객실은 넓고 깔끔하며, 숙소 겸 사무실 기능을 할 수 있도록 편의
시설도 잘 갖췄다. 지금은 여행자들 숙소로도 많이 사용되고 있다.

Ⓐ ул. Уборевича, 17(3층)　Ⓖ 43.118522, 131.890771
Ⓣ (423) 240-17-87　Ⓦ smartoffice-ru.com　Ⓜ Map → 3-D-2

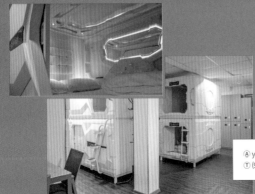

2 Zodiac Capsule hotel
조디악 캡슐 호텔

블라디보스톡에 이런 신식 캡슐 호텔이 있다니 놀랍다. 철저하게 독립된
공간으로 구성된 새하얀 캡슐 호텔은 사장님이 직접 일본에서 벤치마킹해
들여온 거란다. 부족할 것 없이 넓은 캡슐 안에서 하루를 정리하고, 로비에서
차 한잔하는 색다른 여행의 멋을 누리자. 호랑이 언덕에 위치한다.

Ⓐ ул. Тигровая, 30 (1층)　Ⓖ 43.116255, 131.879358
Ⓣ (902) 524-11-09　Ⓘ @hotelzodiac.dv　Ⓜ Map → 3-B-3

Korean Guesthouse   한인 게스트하우스

Ⓐ ул. Адмирала Фокина, 8A
Ⓖ 43.117220, 131.881910
Ⓣ (914) 667-56-45
Ⓦ www.superstarguesthouse.com
Ⓜ Map → 3-B-2

Ⓐ ул. Светланская, 33/5
Ⓖ 43.116157, 131.887876
Ⓣ (914) 678-58-69
Ⓦ www.hotplacevl.com
Ⓜ Map → 3-C-3

1 Superstar Guesthouse
슈퍼스타 게스트하우스

블라디보스톡 넘버 원 한인 게스트하우스. 아르바트 거리 또 하나의 명소로,
여행자와 즐거운 추억을 만들 수 있는 사랑방이다. IKEA 가구로 깔끔함을
더했고, 도미토리와 함께 가족이나 2~3인 단위가 머물 수 있는 로프트
객실도 옆 건물에 마련됐다. 슈퍼스타 사장님의 여행 팁이 궁금하면 여기로!

2 Hot Place Guesthouse
핫플레이스 게스트하우스

도시의 핫플레이스 안에 진짜 '핫플레이스'가 있다! 굼 옛 마당에서 붉은 벽돌
건물 옆 계단을 따라 오르면 멋스럽고 모던한 게스트하우스가 우리를 반긴다.
중앙광장 근처라 접근성도 최고, 깔끔한 시설과 친절한 스탭들로 기분까지
좋아지는 곳! 싱글룸과 더블룸, 4인, 6인실이 있다.

TIP

블라디보스톡 대부분의 호스텔과 게스트하우스는 무료 조식 서비스를 제공하지 않는다. 가까운 마트에서
필요한 것들을 사 와서 먹는 것이 좋다.

로컬 호스텔의 경우, 귀중품이나 현찰 분실·도난의
우려가 있다. 평소 귀중품은 잘 챙기자.

Local Hostel   로컬 호스텔

1 Izba Hostel
이즈바 호스텔

Ⓐ ул. Мордовцева, 3 Ⓖ 43.119624, 131.884014
Ⓣ (423) 290-85-08 Ⓦ www.izba-hostel.ru Ⓜ Map → 3-B-2

2017년 2월 오픈한 호스텔로, 러시아 전통 농가 오두막 '이즈바'의 모습을 재현해냈다. 흰색 객실은
눈이 부실 정도로 밝고 깨끗하다. 비용이 저렴한 만큼 도미토리 공간은 꽤 협소한 느낌이다. 부엌
사용이 가능하며, 그곳에 놓인 사모바르(주전자)의 홍차와 동그란 빵은 무료로 제공된다.

2 Vlad Marine Inn
블라드 마린 인 호스텔

Ⓐ ул. Посьетская, 53 Ⓖ 43.116060, 131.879914
Ⓣ (423) 208-02-80 Ⓦ www.vlad-marine.ru Ⓜ Map → 3-B-3

하늘색과 흰색의 조화가 돋보이는 '항구 도시' 콘셉트의 작은 호스텔이다. 객실은 몇 개 없어도 시설이
깨끗한 편이며, 작은 소품 하나하나가 예쁜 게 포인트. 걸을 때 바닥에서 나는 삐걱 소리는 옛날 건물의
멋을 느끼게 한다. 시내의 언덕 위에 있어 오르내리기 힘든 건 감내해야 한다.

3 Gallery & More Hostel
갤러리 앤 모어 호스텔

Ⓐ ул. Адмирала Фокина, 46 Ⓖ 43.117560, 131.880775 Ⓣ (914) 325-50-60
Ⓦ taplink.cc/gallery_and_more Ⓜ Map → 3-B-2

아르바트 거리의 한껏 외국 분위기 나는 밝은 호스텔. 모두가 드나들 수 있는 공용 공간에서는 언제나
여행자들이 삼삼오오 모여 정보를 나누고 이야기꽃을 피우고 있다. 갤러리처럼 알록달록 예쁜 소품과
구경거리 가득한 작은 홀에서는 콘서트도 종종 열린다. 객실은 리셉션 건물 옆에 위치한다.

ATTRACTIVE
SUBURBS

블라디보스톡 근교에 가 보지 않았다면 연해주 지역을 제대로 보고 왔다고 이야기하지 말라.
천혜의 자연, 러시아의 과거와 우리 역사까지 숨쉬는 근교 구석구석 숨은 이야기는
길을 떠난 지금 막 시작된다.

루스키섬 가는 방법

아께안스키 대로 18번 건물(Океанский проспект, 18) 앞 이즘루드 쇼핑센터(ТЦ Изумруд) 버스 정류장에서 15번이나 29д번 버스를 타면 루스키섬까지 갈 수 있다. 택시를 이용할 경우 비용은 편도 ₽400 안팎이다.

Остров Русский
보물 한가득, 루스키섬

블라디보스톡 남부 거대한 '러시아의 섬'. 군사기지 역할을 담당했던 이곳에는 옛날의 대포와 요새가 상당수 남아 있다. 인적 드물고 자연과 무기뿐이던 섬은 2012년 APEC 개최지로 상전벽해가 일어났다. 해변의 캠퍼스, 연해주 수족관, 그리고 트레킹까지! 하루만으로는 시간이 모자랄 정도다.

PLUS INFO

Русский мост 루스키 대교

2012년 APEC 정상회담 개최를 위하여 루스키섬까지 다리가 놓였다. 러시아 국기 색깔의 케이블로 지지되는 루스키 대교는 세계에서 두 번째로 높은 324m 높이의 사장교다. 이곳은 바람이 거세게 불어 날씨 안 좋은 날에는 베테랑 운전자도 위협을 느낄 정도란다.

a. NOVIK COUNTRY CLUB 노빅 컨트리 클럽

루스키섬 명소. 노빅만에 위치한 휴양지 겸 스포츠클럽이다. 비포장도로를 한참 지나야 나오는 외딴곳이지만, 택시를 타면 찾아가기 쉽다. 시즌에는 다이빙, 카약 등 해양스포츠도 펼쳐진다. 큰 목조 건물 안에 호텔과 레스토랑이, 해변에는 카페와 바나 등 다양한 시설이 있다. 특히 이곳 레스토랑 요리는 일품이니 테라스에 앉아 자연 속에서 미식을 맛보는 호사도 누려 보자.

Ⓐ о. Русский, бухта Новик, Мелководный посёлок, 2
Ⓖ 43.01337, 131.88875
Ⓣ (924) 121-44-66　Ⓗ 08:00-24:00
Ⓟ 광어 스테이크 ₽990~, 게살 샐러드 ₽760~
Ⓦ mynovik.ru　Ⓜ Map → 5-A-4

b. 루스키섬 트레킹

루스키섬에 오면 정말 꼭 해 볼 만한 트레킹! 가공되지 않은 야생의
아름다움을 가장 잘 느낄 수 있다. 한걸음 내디딜 때마다 감탄사가 연이어
터져 나오는 이곳 길은 등산 초보도 쉽게 갈 수 있을 정도로 완만하다.
단, 별다른 이정표가 없으므로 초행길에 잘 찾아가는 것이 관건.

TRANSPORT

버스 : 29д번 버스를 타고 까무날나야 발전소(ТЭЦ Коммунальная)
정류장 또는 포장도로가 끝나는 지점에서 내려서 걸어갈 수 있다. 그러나
버스가 자주 없고 많이 걸어가야 하므로 택시 이용을 권한다.

29д번 버스 '이줌루드(ТЦ Изумруд)' 정류장 출발 시각(대략적인 시간이므로 확인 필요)

07:45, 08:15, 08:45, 11:00, 11:45, 12:45, 14:15, 15:00, 16:00, 17:20, 18:20, 19:00, 20:45

택시 : 목적지를 뱌틀리나곶(мыс Вятлина 므이스 뱌뜰리나)으로
설정해서 가면, 비포장도로에 들어선다. 멀리 뱌틀리나곶이 보이는
그곳이 트레킹 시작점 '전망대(Обзорная площадка)'이다. 토비지나곶
출발점까지는 더 안쪽으로 들어가야 하는데, 길이 좋지 않아 일반
승용차로는 들어가기 힘들기 때문에 중간에 내려서 걸어가는 편이 낫다.

전망대 Ⓖ 42.967692, 131.898399

Ⓜ Map → 6-E-1

ADVICE

시내로 돌아갈 땐 택시가 잘 안 잡힐 수도 있다.
큰길로 나와서 가장 먼저 오는 버스를 타자.
시내까지 가지 않는 버스라면 극동연방대에서
갈아타면 된다.

> **Tip. 곶 이름?**
> 많은 이들이 이곳을 '토비지나곶',
> '뱌틀리나곶'이라 부른다. 하지만
> 러시아어 문법에 따라 본래
> 원형의 이름을 부르자면 '토비진곶',
> '뱌틀린곶'이다.

Мыс Тобизина 토비지나곶

17세기 초 사령관 이반 토비진의 이름을 한 이곳은 뱌틀리나곶 서쪽에
있다. 전망대에서 한참을 더 가면 진입로가 나타난다. 꽤 오래 걷는
코스라 시간적 여유는 필수. 하지만 걸어가는 길마다 아름다운 자연이
빚어내는 절경이 이어져 전혀 지루하거나 힘들게 느껴지지 않는다.
아찔하게 깊은 절벽과 멀리 보이는 북한 땅 모양의 토비지나곶을 보는
것만으로도 감동! 돌을 넘고 산을
오르면 그 끝에는 십자가와 작은
등대가 기다리고 있다. 운이 좋으면
가는 길에 야생 여우도 만날 수 있다.

Ⓖ 42.950820, 131.876410

소요 시간 전망대 기준, 왕복 3시간 이상

Ⓜ Map → 6-E-2

Мыс Вятлина 뱌틀리나곶

17세기 수로 학자 알렉세이 뱌틀린의 이름을 가진 곳. 이곳까지 가는
길은 비교적 짧은 코스다. 뱌틀리나곶 은 안개가 짙게 끼는 일이 잦아서
1891년 프랑스 군함이 근처 여울에 걸리기도 했단다. 멀리 표트르
대제만을 향하고 있는 뱌틀리나곶 은 회색빛 층층 절벽으로 돌진하는
파도가 감상 포인트. 자연과 함께하는 바다는 더욱 절경이다.

Ⓖ 42.9619, 131.90463

소요 시간 전망대 기준, 왕복 1시간 이상

Ⓜ Map → 6-F-2

c. Кампус ДВФУ 극동연방대학교 캠퍼스

텅 빈 루스키섬에 생명을 불어넣은 장소로 이곳에서 2012년 9월 APEC
정상회담이 열렸다. 행사 이후 모든 시설은 극동연방대학교(ДВФУ) 캠퍼스로
사용되고 있으며, 이곳에서 수많은 학생이 꿈을 키우고 있다.
수업 동과 기숙사, 체육관 등 시설에 해변까지 있어 최적의 환경. 주말에는
캠퍼스 바닷가 공원에 수많은 사람이 휴식을 즐긴다. 단, 통행증이 없으면 건물
안으로는 들어갈 수 없다.

Ⓐ о. Русский, посёлок Аякс, кампус ДВФУ

Ⓖ 43.02656, 131.88701 Ⓦ www.dvfu.ru Ⓜ Map → 5-A-3

Tip.
루스키 대교를 지나 첫 번째부터 네 번째 버스 정류장까지가
극동연방대학교(ДВФУ) 캠퍼스 구역이다. 정류장에 내려 근처 쪽문을
통하여 들어가자. 학생들의 공간이므로 알코올 반입은 절대 금하고
있다.

바다와 나무가 있는 캠퍼스

극동연방대학교 캠퍼스는 너무나 넓다! 건물 안 구경은 못해도
그곳 학생처럼 즐겨 보자.

자전거 타기
캠퍼스를 걷는 것도 좋지만 구역이
너무 넓으니 자전거를 타면 더 신나게
구석구석 달릴 수 있을 것 같다.

CAM CEBE ВЕЛОСИПЕД 자전거 대여소
Ⓖ 43.02812, 131.89591
Ⓗ 월-금 12:00-21:00,
토-일 10:00-21:00(동절기 휴무)
Ⓟ 자전거 ₽200~/시간 Ⓜ Map → 5-A-3

바닷가 산책
해변이 있는 캠퍼스라니! 공부가 더
잘되거나, 아예 망치거나 둘 중 하나다.
1km 남짓 해변 산책길을 따라
걸으며 멀리 루스키 대교를 감상하고
바닷바람 좀 맞아 주는 그런 맛.

러시아 가로수 구경
본관 건물 근처에 특별한 가로수길이
있다. 러시아 내 다른 도시에서 온
각종 묘목이 가득 자라고 있다.
그래서 '러시아 가로수길(Аллея
России)'이라고 적혀 있다.

학생식당 체험
걷다 출출하면 간단히 배를 채우자. 대학
건물은 대부분이 출입이 제한되지만,
식당이나 매점은 개방되어 있다. 'cafe'
이름의 카페테리아 학식을 먹어보는 것도
색다른 추억이 될 것이다.

d. Приморский океанариум 연해주 수족관

러시아 최대 규모의 수족관으로 2016년 6월 오픈했다. 바다에서 막 나온 듯한
거대 쌍 조가비 모양의 지붕이 웅장하다. 500여 종이 넘는 해양생물과 70m
길이의 해저 터널을 구경하자. 전시홀은 해양 생명체의 진화, 연해주와
세계 바다생물 등 교육적으로 구성되어 있다. 다양한 조형물도 설치되어 있어
아이들에게 유익하다. 하루 두 번 열리는 흰고래 벨루가 쇼는 놓치지 말자.
수족관 근처 공원도 볼거리가 가득하니 시간이 난다면 산책해 볼 것.

TRANSPORT

시내 아께안스키 대로에서 15번 버스를 타고 종점에 하차해 더 들어가야
한다. 수족관 무료 셔틀버스(배차 간격 약 20분)로 갈아타거나, 시간이
여유롭고 날씨가 좋다면 수족관까지 천천히 걸어가도 좋다.

Ⓐ о. Русский, ул. Академика Касьянова, 25
Ⓖ 43.01446, 131.9305
Ⓣ (423) 223-94-22
Ⓗ 화~일 10:00-20:00 (매표소 09:30-18:30)
벨루가 쇼 11:00, 15:00 (2회), 월 휴무
Ⓟ 성인 ₽1,000, 5-14세 ₽500 (벨루가 쇼 관람권 포함가: 성인 ₽1,200, 5-14세 ₽600)
Ⓦ primocean.ru
Ⓜ Map → 5-C-4

군사기지의 흔적

루스키섬 천혜의 자연으로 들어가 보면, 소련 시절 요새와 대포가 잠들어
있다. 녹슬어버린 무기와 시설만이 남겨진 군사기지의 흔적은 보는
것만으로도 우리에게 러시아 역사에 대한 많은 이야기를 들려준다.

1. Форт №11 11번 요새

루스키섬 남부 바다의 파노라마가 펼쳐지는 곳. 노브고로드의
스뱌토슬라프 대공의 이름이 담긴 11번 요새는 1917년 완성됐다.
바라쉴롭스카야 대포에서 가까워 1930년대 200여 명의 부상자를
수용하기도 했던 곳. 100년 넘게 굳건히 블라디보스톡을 지켜내고
이제 낡은 모습만 남았다. 여기서는 무엇보다 돌 성벽에 올라 그 길을
따라 걷는 기분이 최고다. 멀리 확 트인 바다 위 한 폭의 그림 같은
토비지나곶이 보인다. 단, 성벽은 꽤 높고 평평하지 않아, 미끄러지지
않도록 주의하자.

Ⓖ 42.974245, 131.882222 Ⓜ Map → 6-E-1

TRANSPORT

별도의 이정표는 찾기 어렵다.
루스키섬 포장도로가 끝난 지점에서
좌측 산길을 따라 올라야 한다.
29д번 버스를 타고 가다가 포장도로
끝 지점에서 세워 달라고 부탁하자.

2. Ворошиловская батарея 바라쉴롭스카야 대포

1934년 만들어진 루스키섬 깊숙이 숨겨진 무기고. 자랑스러운 자국
역사를 보여 주는 곳이라 관람비가 저렴하다. 바라쉴롭스카야 대포는
요새화된 특수 무기로 만들어졌는데, 크림반도의 세바스토폴에도
유사한 것이 있단다. 지상부터 지하 3층에 걸쳐 복잡한 구조를 가진
내부는 속속들이 들여다보면 그저 신기하기만 하다. 지상에 드러난 건 두
개의 거대한 포탑뿐, 지하는 일부 박물관으로 개방되었다.

TRANSPORT

29д번 버스로 루스키섬 진입 후 한참을 가서 비포장도로로 들어서면
나오는 바로 첫 번째 정류장에서 내려야 한다. 이정표 따라 숲길로
10분 정도 걸으면 매표소가 나온다.

Ⓐ о. Русский, ул. Ворошиловская батарея, 1 Ⓖ 42.98197, 131.89032
Ⓗ 수-일 09:00-17:00(월, 화 휴무) Ⓟ ₽100 Ⓜ Map → 6-E-1

2 Шамора
바다가 부른다, 샤마라

블라디보스톡의 진짜 바다를 체험하고 싶은가? 현지인의 성지로 알려진 샤마라로 떠나자. 중국어 '사막(沙漠)'에서 온 샤마라(Шамора)는 백사장이 사막 모래처럼 좋아 그렇게 불렸단다. 이곳 출신 가수 무미 뜨롤의 1998년 앨범 <샤마라>로 더욱 유명해졌으며, 조용히 바다를 만나고 오기 좋다.

Tip.
지도나 정류장에서 일컫는 이곳 공식 명칭은 러시아어로 '푸른'이라는 뜻의 '라주르나야(Лазурная)'만이지만, 현지인은 모두 '샤마라'라고 부른다.

---

a. Пляж бухта Лазурная 샤마라 해변

가공하지 않은 해변, 편안히 자리 깔고 쉬어갈 수 있는 곳이다. 자연 그대로의 멋, 그 속에서 사람과 조화를 이루는 소박한 샤마라 해변에는 화려할 것 없는 카페와 레스토랑, 산책로가 있다. 가족, 친구 단위로 오는 현지인 얼굴에는 행복이 가득하다. 해수욕 시즌에는 일광욕 천국, 모래알만큼 많은 사람이 백사장을 가득 메운다. 조금이라도 늦었다간 극심한 교통정체를 경험하게 될 테니 부지런히 이동하자.

Ⓖ 43.19447, 132.11476
Ⓜ Map → 7-E-4

b. Круиз 크루즈 레스토랑

샤마라를 바라보는 3층짜리 새하얀 레스토랑. 그리스 산토리니 느낌의 깔끔한 인테리어에 층마다 분위기도 다르다. 바다를 보며, 날이 좋을 때는 테라스에 자리 잡고 기분 좋게 식사할 수 있다. 위치가 좋은 만큼 음식은 다소 비싸지만, 화려한 이력의 브랜드 셰프가 만들어 주므로 감동의 맛이 될 것이다. 식사가 부담되면 간단히 디저트와 차 한 잔으로 한숨 돌리고 가도 좋다.

Ⓐ ул. Лазурная, 19
Ⓖ 43.19442, 132.11281
Ⓣ (423) 246-87-64
Ⓗ 11:00-23:00(하절기 09:00-02:00)
Ⓟ 태국식 해물 볶음밥 ₽750~, 디저트 ₽300~
Ⓘ @kruiz_shamora
Ⓜ Map → 7-D-4

샤마라 가는 방법

시내 '클로버 하우스' 정류장에서 28번 버스로 보통 1시간 내외, 주말이나 시즌엔 2시간 넘게 걸린다. '라주르나야(Лазурная)' 정류장에 하차해야 한다. 또는 스빠르찌브나야(Спортивная) 정류장에서 매시간 다니는 72т번 미니버스를 타고 가도 된다. 시내에서 북동쪽으로 약 30km 거리로, 택시로 가면 편도 500루블 내외.

28번 버스 '클로버 하우스' 출발 시각(대략적인 시간이므로 확인 필요)
평일 : 07:40, 09:10, 10:30, 12:00, 13:20, 14:40, 16:00, 17:30, 18:40
휴일 : 07:50, 10:30, 14:30, 17:20

c. Лазурный Супермаркет 라주르니 슈퍼마켓

샤마라 초입의 슈퍼마켓. 버스 정류장에 내리면 가장 먼저 보이는 곳이다.
해변에서 제대로 오래 놀다 가고 싶다면 간단한 먹거리나 필요한 것들은
이곳에서 해결하자. 시내에서 장을 봐 올 필요가 없다.

Ⓐ ул. Лазурная, 19ст9
Ⓖ 43.19483, 132.11207
Ⓗ 08:45-23:00
Ⓜ Map → 7-D-3

Tip. 해변 거리 풍경 즐기기

샤마라에서는 꼭 수영을 하지 않아도 된다. 2km에
달하는 라주르나야 거리를 따라 천천히 산책하며 바다
구경도 하고, 눈을 감고 바닷소리에 집중해도 좋다.
고기 연기 자욱한 식당 거리의 상인들 모습이 재미있고,
어느 명소를 본뜬 것 같은데 뭔가 어설픈 분수와 볏짚
파라솔을 보니 웃음이 난다. 꾸밈없는 러시아 사람들의
순수함이 해변 거리 풍경에서 묻어난다.

f. Biergarten 비어가르텐

샤마라 해변에서 만나는 이색적인 베란다 맥주 카페. 여름에 바깥 테라스에
자리 잡고 바다를 안주 삼아 생맥주 한 잔 시원하게 마시는 기분은 그저 최고.

Ⓐ ул. Лазурная, 19ст35
Ⓖ 43.196704, 132.125415
Ⓣ (423) 292-79-79
Ⓗ 월-금 15:00-24:00, 토·일 12:00-24:00
Ⓘ @biergarten_shamora
Ⓜ Map → 7-F-3

d. Городок отдыха Жемчужный 휴양마을 젬추쥐니

크루즈 레스토랑 중심으로 펼쳐진 주변 상점, 호텔, 작은 코티지는 모두
젬추쥐니(Жемчужный, 진주) 휴양 구역이다. 촘촘하게 늘어선 작은 이층집,
알록달록 오두막들은 모두 대여용 펜션이다. 여름이면 실컷 바다에서
수영하다가 와서 쉬고, 바비큐 장비를 빌려 샤슬릭도 구워 먹으며 가족,
친구들과 함께 즐거움, 휴식을 얻어가는 장소이다.

Ⓖ 43.194302, 132.111289
Ⓣ (423) 246-88-25
Ⓟ 4인용 ₽5,000~8,000(1박 기준)
Ⓦ pearl-townofrest.ru
Ⓜ Map → 7-D-4

e. Улица с шашлычными 샤슬릭 거리

샤마라 해변 따라 생겨난 작은 카페와 식당들이 지금은 어느새 1km 길이에
달하는 샤슬릭 거리를 이룬다. 날이 좋으면 이곳은 언제나 손님맞이로 분주하다.
고기와 빵을 굽는 바쁜 손길에, 숯불 연기는 자욱하다. 특히 여기서 맛보는
샤슬릭(шашлык)과 아르메니아식 치즈 화덕 빵 히친(хычины)의 맛은
일품이다. 조금은 허술하고 허름해 보이는 공간에서 바다를 바라보며 먹는 고기
한 점은 그저 행복이라고밖에.

Ⓖ 43.195966, 132.119227
Ⓜ Map → 7-E-3

우수리스크 가는 방법

블라디보스톡에서 112km 떨어진 우수리스크는
열차나 버스로 갈 수 있다. 블라디보스톡 전철역에서
하루 4~5번 운행하는 교외선(электрички, P200~)은
2시간 내외면 도착. 버스는 매시간 있고 소요 시간이
비슷하나, 더 비싸고 터미널도 시내에서 멀다.
도시 내 이동은 버스(2GIS앱 사용)나 택시 추천.

③ Уссурийск
역사의 발자취 따라, 우수리스크

우리 역사에 관심이 많은 여행자들이 블라디보스톡 다음으로 꼭 발걸음을 하는
북쪽의 작은 도시, 우수리스크. 과거 안중근, 최재형, 이상설 등 독립운동가의
연해주 거점이었으며, 현재는 고려인들의 삶의 터전이기도 하다.

a. Корейский культурный центр 고려인 문화센터

고려인에 대해 잘 몰랐다면 여기서 의미를 찾아가자. 센터는 러시아 한인 이주
140주년(2004년)을 기념해 2009년 개관했다. 1층 고려인 역사관에서 한인들의
연해주 이주 역사를 각종 자료를 통해 자세히 살펴볼 수 있다. 한글 공부방도
운영되고 있으며, 2층 공연장에선 명절마다 전통문화 축제가 열린다.

Ⓐ ул. Амурская, 63

Ⓖ 43.80656, 131.95076

Ⓣ (4234) 33-37-47

Ⓗ 10:00-18:00

Ⓟ P100

Ⓜ Map → 8-A-1

우리의 역사를 기억하는 기념비

고려인 문화센터 마당에 위치한 기념비를
지나치지 말자. 원래 블라디보스톡에 있다가
옮긴 안중근(1879~1910) 의사 기념비와
2018년 세워진 항일투사 홍범도(1868~1943)
장군의 기념비가 나란히 있다. 또 2019년
6월에는 의병장으로 활동한 류인석(1842~1915)
선생의 기념비도 세워졌다.

안중근 의사 기념비

홍범도 장군 기념비

PLUS INFO
고려인 이야기

1863년 함경도 농민 13가구의 연해주
이주가 고려인 역사의 시초이다.
을사늑약(1905) 이후에는 연해주 지역
항일운동이 활발했는데, 1937년 스탈린의
소수민족정책과 고려인의 일본 첩자
가능성 명목으로 17만여 명 고려인은
중앙아시아로 강제 이주됐다. 고려인은
낯선 땅에서 힘겹게 생존해 나갔고,
1993년 러시아의 고려인 명예회복법 채택
이후 다수 우수리스크로 재이주했다.

c. 2차 전로한족중앙총회 개최지

1917년 러시아 혁명 이후, 러시아 전역 거주 한인 대표들은 '전로한족중앙총회'를 결성하였다. 그리고 현재 중등학교 건물인 이곳에서 1918년 6월, 제2차 전로한족회대표자회의를 개최했다. 1919년 3·1 독립선언서 발표 이후 총회는 최초 임시정부(대한국민의회)로 개편되어 의미가 깊다. 근처의 1차 회의 개최지는 현재 학교 운동장이 됐다.

Ⓐ ул. Горького, 20
Ⓖ 43.79304, 131.94439
Ⓜ Map → 8-A-2

d. Парк ДОРА 도라 시민 공원

가로수, 산책로, 놀이기구를 갖춘 시민 공원. 도라(ДОРА)는 '러시아 군 장교들의 집'을 뜻하며 1950년 극동의 군사 중심지였던 곳이다. 이곳 명물은 1868년 발견된 거대 거북이 석상인데 금나라 유물이라고 적혀 있기는 하나, 초기 국가명이 진나라인 발해의 것으로 추정하기도 한다.

Ⓐ ул. Володарского
Ⓖ 43.79209, 131.94768
Ⓗ 08:00-22:00 Ⓜ Map → 8-A-2

b. Дом-музей Чхве Чже Хёна 최재형 기념관

독립운동가 최재형(1858~1920)의 고택으로, 1919년부터 1920년 4월 참변 당시 일본군에게 체포되기 전까지 거주한 집이다. 한국과 러시아 국기가 그려진 '최재형 고택' 현판으로 알아볼 수 있다. 마음이 따뜻해 별명이 '난로(печка 뻬치까)'였던 최재형의 집은 국가보훈처 지원으로 보수를 마치고 2019년 3월 28일 '최재형 기념관'으로 개관했다. 최재형 선생과 당시의 우리 역사를 되새길 수 있다.

Ⓐ ул. Володарского, 38 Ⓖ 43.79155, 131.94513 Ⓗ 09:00-18:00
Ⓟ P50 Ⓜ Map → 8-A-2

e. Паровоз Ел-629 증기 기관차

우수리스크 기차역 근처의 사연 있는 1917년 미국산 증기 기관차. 1920년 러시아 내전 중 적군인 세르게이 라조, 시비르체프, 루츠키가 백군에 넘겨졌는데, 그들은 이 기관차 화실에 산 채로 던져져 불타 죽었다 한다. 이중 세르게이 라조(p.059)는 홍범도 장군과 함께 전우애를 불태웠던 혁명군 사령관이었다.

Ⓐ Блюхера проспект, 15 옆 공원
Ⓖ 43.799657, 131.984167 Ⓜ Map → 8-C-1

> **조미향, 최재형 기념사업회 연해주 지부장**
> 최재형 선생은 우리 독립운동 역사의 든든한 조력자인데, 잘 알려지지 않았죠. 함경도 노비 출신의 그는 어려서 연해주로 건너와 사업가로 성공했습니다. 러시아 국적이었지만, 한인 사회의 신임이 높았어요. 자기 재산과 목숨까지 조국 독립에 헌납한 '노블레스 오블리주'의 산 증인으로, 안중근 선생을 도왔고 임시정부 초대 재무 총장이기도 했죠.

f. Памятник патриоту Ли Сан Солу 이상설 유허비

우수리스크 남부 라즈돌나야 강줄기 근처에 독립운동가 이상설(1870~1917) 선생 유허비가 있다. 헤이그 특사 등 조국 독립을 위한 대외활동과 독립운동 기지 건설에 몸을 아끼지 않던 그는 독립운동 중 병약해져 우수리스크로 옮겨 요양하였다. 하지만 조국의 독립을 보지 못한 채 1917년 세상을 떠났고, 그의 유언에 따라 유골은 지금의 라즈돌나야(솔빈)강에 뿌려졌다. 이곳은 택시로만 갈 수 있다.

Ⓖ 43.76029, 131.9436

SPECIAL TRIP:
KHABAROVSK

러시아에 왔다면 한 번쯤은 열차 여행을 해 봐야 하지 않겠는가? 모든 여행자의 로망,
시베리아 횡단 열차 체험판, 가까운 극동 러시아의 도시 하바롭스크로 떠나 보는 즐거운 여행!

ЖД вокзал Хабаровск-1 하바롭스크-1 기차역

ХАБАРОВСК

아무르강변의 고즈넉함, 하바롭스크

블라디보스톡에서 시베리아 횡단 열차 타고 하룻밤이면 도착하는 또 다른
분위기의 도시. 아무르강과 아름다운 성당이 우리를 반기는 하바롭스크는
특유의 고즈넉함으로 마음을 편안하게 만든다. 극동 러시아의 보석과도 같은 곳!

하바롭스크 가는 방법

블라디보스톡에서 저녁에 출발하는 시베리아
횡단 열차에 탑승하면 11~12시간을 달려 다음
날 아침 하바롭스크 기차역에 도착한다. 001호
열차나 블라디보스톡~하바롭스크 전용 노선인
005호(아께안) 열차 등을 이용하면 된다.
항공편으로 오갈 경우, 공항에서 시내까지 멀지
않아 이동이 편하다.

[기차역 → 시내] 1c 또는 1л 순환선 버스,
트램(P25, 저녁 8시 이후 P30)
[공항 → 시내] 1번 트롤리 버스, 80번 버스(P25~)

Аэропорт Хабаровск 하바롭스크 국제공항
하바롭스크 시내에서 북동쪽으로 약 10km
거리로 가까운 편이다. 현재 한국 직항은 오로라
항공에서 정기 노선이 운행되고 있다.

Ⓐ Матвеевское шоссе, 28Б
Ⓖ 48.51949, 135.15514

PLUS INFO

하바롭스크 지역의 주도(主都), 극동 러시아의 행정 중심지 하바롭스크. 이곳은 어떤 도시일까?

역사

19세기 중반 러시아와 청나라가 영토
분쟁하던 당시 군사 전초기지로 시작된
도시로, 아무르강과 인연이 깊다.
아무르강을 여행한 17세기 러시아 탐험가
'하바로프(Хабаров)' 이름이 도시명이
되었고, 아무르강 철교는 1916년 시베리아
횡단 철도 건설 마지막 구간이었기 때문.

환경

산이 없으며 서쪽으로는 중국과 인접해
있다. 중국의 흑룡(黑龍)강이 이 도시에서는
아무르강이 되어 오호츠크해로 흘러나간다.
하바롭스크 시내를 보면, 계획도시인
덕분에 도로가 바둑판처럼 짜여 있다 다소
단조로워 보이기도 하지만, 길을 잃을
염려는 없다.

기후

하바롭스크에서는 더위와 추위를 모두
경험할 수 있다. 여름은 덥고 겨울은 추운
전형적인 대륙성 기후를 나타내기 때문이다.
겨울에는 블라디보스톡보다도 기온이
더 많이 내려가 영하 20~30도를, 여름은
습하고 더워서 심할 때는 영상 30도 안팎을
넘나들기도 한다.

ЖД вокзал Хабаровск-1
하바롭스크 기차역

시베리아와 극동 사이를 오가는 시베리아 횡단 열차가 잠시 쉬어가는 곳. 초록빛 지붕의 고풍스러운 기차역 건물은 밤에 조명을 받으면 더욱 아름답다. 아무르강변까지는 버스나 트램을 타고 중간에 내려 걸어가야 한다. 기차역 앞 도시 이름의 주인공 '하바로프' 동상은 지나치지 말자.

Ⓐ ул. Ленинградская, 58
Ⓖ 48.49657, 135.07293 Ⓜ Map → 9-A-3

철길의 시작

시베리아 횡단 철도는 러시아 제국 시절의 작품이다. 알렉산드르 3세의 칙령으로 1891년 공사를 시작해, 당시 블라디보스톡의 착공식에 니콜라이 황태자를 보낼 정도로 철도 건설은 중대 과업이었다. 장장 9,288km 철로는 오직 9만여 명의 인력으로만 닦아냈으며, 25년 만에 완공했다.

횡단 열차 여행 추천 코스

1. 블라디보스톡→하바롭스크 4일 일정(열차 1박)
2. 블라디보스톡→이르쿠츠크 7일 일정(열차 3박)
3. 블라디보스톡→이르쿠츠크→모스크바 13일 일정(열차 6박)

실전을 위한 정보

100년이 훌쩍 넘은 역사를 가진 철길. 이 길에 오르기 전, 알고 가면 좋은 정보를 소개한다.

1 열차 티켓 예매
티켓은 여행 90일 전부터 예매할 수 있다. 가격은 예매 시기와 상황에 따라 탄력적인데, 대부분 탑승이 임박할수록 표가 비싸진다. 러시아 철도청 사이트(www.rzd.ru)에서 열차표를 예약하고 직접 결제하면 편하다.

2 열차 번호의 의미
대표적으로 블라디보스톡→모스크바행 001호, 099호 열차, 모스크바→블라디보스톡행 002호, 100호 열차가 있다. 보통 열차 번호가 작을수록 최신식이라 비싸고 열차 번호가 클수록 구식으로 저렴하다고 알려졌는데, 가장 정확한 건 인터넷으로 객차별 시설을 직접 확인하는 것이다.

3 객실 좌석
일등석(CB 에스베) : 2인실 방으로 조용하고 여유롭게 공간을 쓸 수 있다. 단, 가격은 비싸다.
이등석(Kyne 꾸뻬) : 2인실 구조에서 위층 2개가 더 있는 4인실 방. 위층은 생각보다 높아서 오르내릴 때 조심해야 한다. 일반적으로 낮에는 위층 승객이 아래층 자리를 공유한다.
삼등석(Плацкартный 쁠라쯔까르뜨늬) : 복도가 뚫린 개방형 6인실. 오가며 현지인과 접촉할 수 있지만, 사람이 많아 화장실 이용이 불편하다. 삼등석은 2019년부터 리모델링된 새 객차로 일부 교체하여 운행하고 있다.

4 열차 시설
침구 세트(бельё) : 매트, 베개, 이불, 시트, 수건이 한 세트. 승객이 직접 시트를 입혀야 한다. 하차 전까지 사용하고 내릴 때 차장에게 반납한다.
차장 방 : 차장(проводница)은 승객과 시설을 컨트롤하는 객차 관리인. 그의 방은 객차 앞쪽에 위치한다. 친하게 지내면 열차 생활이 편하다.
온수기(самовар) : 차장 방 근처의 커다란 온수기는 24시간 물이 끓고 있다. 간편 식사나 차 마실 때 유용하다. 물 온도가 매우 높으니 주의할 것.
화장실(туалет) : 객차별 화장실은 2개. 세면대와 변기뿐인데 열차에 따라 시설도 천차만별이다.
식당칸(ресторан) : 일등석 근처에 위치한 식당칸은 주문 즉시 음식을 조리한다. 매끼 해결하긴 다소 부담되는 가격.

5 열차 여행 준비물
먹거리 : 열차에서 삼시 세끼를 먹어야 한다. 매번 사 먹을 순 없으니, 승차 전 식량을 충분히 준비하는 것이 좋다.
멀티탭 & 보조배터리 : 객실엔 전원 코드가 제한되어 있고 전력도 약해 충전이 잘 안 된다. 디지털 노마드의 필수 아이템이니 꼭 챙길 것.
놀 거리 & 선물 : 책, 필기구, 게임 등 열차에서 할 만한 여가거리와 이웃에게 줄 작은 선물은 준비해 두면 유용할 것이다.
드라이 샴푸 : 열차는 머리를 감을 만한 환경이 못 된다. 물 없이 뿌리기만 하면 되는 핫 아이템도 빠뜨리지 말자.

PLUS INFO
블라디보스톡에서 모스크바까지 열차로 완주하면 7일이 걸린다. 두 도시 간 시차도 무려 7시간! 열차가 달리는 동안 시간대는 계속 변한다.

1

Прогулка по берегу Амура

아무르강변 따라

이름에서 사랑이 느껴지는 아무르(Амур)강! 국경을 접하고 있는 중국의 흑룡강에서 흘러나온,
살짝 검은 빛 맴도는 강변을 걸으며 하바롭스크의 고즈넉함을 즐기면 그야말로 여유로운 힐링이다.

a. Комсомольская площадь
콤소몰 광장

아무르강변 공원 가는 길목의 오랜 광장. 원래 '사원 광장'으로
우스뺀스키 사원이 있었는데 소련 때 철거되고, 공산주의
청년동맹(콤소몰)에 의해 '콤소몰 광장'이 됐다. 지금은
극동지역 내전 영웅을 기리는 기념비, 그리고 시민들의
염원으로 다시 세운 성모승천 사원이 공존하는 장소이다.

Ⓖ 48.47258, 135.05683 Ⓜ Map → 9-C-4

b. Градо-Хабаровский Собор
Успения Божей Матери
성모승천 대성당

19세기 중반 우스뺀스키 사원이 있던 바로 그
자리에 2002년 새롭게 탄생한 성당이다. 성모승천
사원의 다섯 개 러시아 양식 지붕만큼은 옛
우스뺀스키 사원의 것과 유사하다. 선명한 푸른
금빛의 지붕과 흰색, 붉은색이 조화된 건물의
전반적인 색감이 매력적이라 자꾸 눈길이 간다.

Ⓐ Пл. Соборная, 1 Ⓖ 48.47298, 135.05655
Ⓗ 월-금 07:00-20:00, 토-일 08:00-20:00
Ⓜ Map → 9-B-4

c. Краевый парк им. Муравьёва-Амурского
무라비요프-아무르스키 공원(아무르강변 공원)

블라디보스톡에 스포츠 해안로가 있다면, 하바롭스크엔 아무르강변 공원이 있다!
콤소몰 광장에서 계단을 내려가면 푸릇한 나무와 잔디, 아무르강변 산책로가
나온다. 현지인의 명소로, 여름에는 강변 모래사장이 일광욕하는 사람으로 가득
찬다. 강변 따라 걷다가 지치면 음료 한잔하며 여유 부리기 좋은 곳.

ⓖ 48.47119, 135.05348 ⓜ Map → 9-C-4

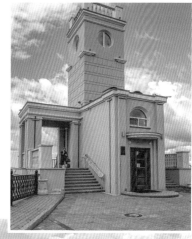

d. Амурский утёс
아무르 절벽 전망대

무라비요프-아무르스키 공원을 따라 걷다 보면
언덕 위 아무르 절벽 전망대가 보인다. 여기서
내려보는 아무르강변의 시원스러운 풍경은 한 폭의
그림이 따로 없다. 전망대까지는 하바롭스크 향토
박물관 뒤쪽 길로 갈 수 있다. 근처에는 2001년
북한의 김정일이 다녀갔다는 기념판도 있다.

ⓐ ул. Шевченко, 15 ⓖ 48.4727, 135.04955 ⓣ (4212) 31-08-02
ⓗ 화-일 10:00-18:00, 월 휴무 ⓟ ₽100 ⓜ Map → 9-C-4

e. Памятник Н.Н. Муравьёву-Амурскому
니콜라이 무라비요프-아무르스키 동상

극동 러시아에서 동시베리아 총독 무라비요프는 대단한 존재다. 1858년 청과
아이훈 조약을 맺어 아무르강 이북 영토를 차지했고, 그 공헌으로 '아무르스키'
작위를 받았다. 이후 1860년 베이징 조약으로 연해주까지 점령할 수 있었다.
블라디보스톡에는 그의 동상이 바다를 향하더니 여기선 아무르강을 바라본다.
여기 동상은 5000루블 화폐에 담겨 있고, 그의 이름을 가진 거리, 공원도 있다.

ⓖ 48.47288, 135.04974 ⓜ Map → 9-B-4

PLUS

하바롭스크 가로수길 산책

하바롭스크에서는 강변 산책도 좋지만, 도심을 가로질러
아무르강까지 길게 뻗은 두 가로수길을 따라 걷는 맛도
운치 있다. 아무르 가로수길(Амурский бульвар)은
하바롭스크 기차역에서 시작해 트램 길을 따라 이어지고,
우수리스크 가로수길(Уссурийский бульвар)은 디나모
공원부터 아무르강까지 연결된다.

아무르 가로수길 Ⓜ Map → 9-B-4

우수리스크 가로수길 Ⓜ Map → 9-C-3

f. Прогулочные теплоходы
아무르강 유람선 투어

유람선 타고 검은 빛 아무르강을 미끄러지는 기분은 어떨까? 아무르강에서 하바롭스크
도심을 바라보는 색다른 맛이 있다. 특히 제정 러시아를 완성시킨 시베리아 횡단 철도의
마지막 구간인 아무르강 철교도 만날 수 있다. 유람선 투어는 낮에는 1시간 코스, 저녁은
1시간 반 코스가 있고, 강변 선착장에서 출발한다.

Ⓐ ул. Шевченко, 1 Ⓖ 48.46911, 135.05799
Ⓣ (4212) 68-88-88 Ⓗ 12:00-22:00(매시간 운행)
Ⓟ 성인 ₽400, 어린이 ₽100 Ⓦ farvater27.ru Ⓜ Map → 9-C-4

g. Хабаровский краевой музей им. Гродекова
하바롭스크 향토 박물관

극동 러시아와 아무르 연안의 역사를 훑어보고 옛날 생활상을 들여다볼 수 있는
곳. 하바롭스크 향토 박물관은 아무르 지역 총독을 지낸 그로제코프 주도로
1894년 지어졌다. 18세기 초 민속학자 아르세니예프가 한동안 박물관을
관리했고, 지금까지도 높이 평가받는 독특한 전시품을 소장하고 있다. 건물
바깥에 있는 기복이상은 우수리스크 '노라 ㅆ원'에 있는 것과 닮은꼴이다.

Ⓐ ул. Шевченко, 11 Ⓖ 48.47331, 135.05057 Ⓣ (4212) 30-31-92
Ⓗ 화-일 10:00-18:00, 월 휴무 Ⓟ ₽400 Ⓦ www.hkm.ru Ⓜ Map → 3-B-2

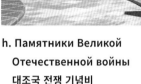

h. Памятники Великой
Отечественной войны
대조국 전쟁 기념비

러시아 사람들의 경건한 마음에 숙연해지는 장소. 콤소몰
광장에서 남쪽으로 내려오면 커다란 반원 형태의 벽이 나온다.
여기에는 대조국 전쟁(1941~1945) 희생 극동 군인 2만여 명
이름이 적혀 있고, 그 앞에는 꺼지지 않는 불꽃이 피어오른다.
맞은편 검은 튤립(чёрный тюльпан 초르니 쭐빤)은 러시아
내전 용사들을 추모하는 기둥이다.

ⓖ 48.46684, 135.06425 Ⓜ Map → 9-C-3

i. Площадь Славы
명예 광장

대조국 전쟁 기념비 근처 계단을 오르면 1975년 조성된
명예 광장이 펼쳐진다. 이곳에 들어서면 30m 기념탑이
가장 먼저 눈에 들어오는데, 전쟁 당시 희생자, 노동
영웅, 영예 훈장 수여자의 이름이 빼곡히 적혀 있다. 또
양옆으로는 극동 연방 방송국 건물과 금빛의 성당이 있다.

ⓖ 48.46653, 135.06635 Ⓜ Map → 9-C-3`

j. Спасо-Преображенский
кафедральный собор
구세주 변모 대성당

온전히 시민들의 모금으로 2000년대 초반에 세워진 성당.
명예 광장 전체를 가득 채우고도 남을 아우라는 보고 있는
것만으로 절로 압도된다. 높이는 95m로, 규모만으로 보면
상트페테르부르크의 이삭 성당과 모스크바 구세주 성당
다음으로 크단다.

Ⓐ ул. Тургенева, 24 ⓖ 48.46609, 135.06714 Ⓗ 07:00-20:00 Ⓜ Map → 9-C-3

По улице Муравьёва-Амурского

무라비요프-아무르스키 거리 일대

널찍한 레닌 광장에서 아무르강변까지 시원스레 뻗은 무라비요프-아무르스키 거리는 맛집이 모여 있고 볼거리 많은 하바롭스크 점잖은 명소이다. 눈길 사로잡는 곳에 그냥 들어가 보는 맛!

a. Площадь им. Ленина 레닌 광장

하바롭스크의 자랑거리. 러시아에서 두 번째로 큰 레닌 광장은 시기마다 다른 이름으로 역사를 담아낸다. 도시 조성 초창기에는 황제 이름을 따 '니콜라옙스키 광장', 러시아 혁명 때 붉은 군대 집결지로 '자유 광장'이었다가 대조국 전쟁 전후로는 '스탈린 광장', 1957년에야 지금의 이름이 됐다. 도시의 주요 행사가 열리고 크고 작은 분수, 형형색색 꽃은 광장을 더욱 아름답게 한다.

Ⓖ 48.47986, 135.07164 Ⓜ Map → 9-B-3

PLUS

**또 다른 우리 민족의 흔적,
김알렉산드라**

김알렉산드라(1885~1918)는 한국인
최초 볼셰비키 당원이자 우리 독립운
동가이기도 하다. 우리에게 다소 생소
한 혁명가인 그녀가 하바롭스크에서
활동했다는 내용이 담긴 기념판이 무
라비요프-아무르스키 거리 22번 건물
(ул. Муравьёва-Амурского, 22) 외벽
에 붙어 있다.

b. Улица Ким-Ю-Чена 김유경 거리

러시아에서 우리 민족 이름의 거리는 여기가 유일하다.
1929년 소련과 중국 전쟁에서 소련군 중위로 활동하며 큰
공을 세운 김유경을 기리고자 시내에 그의 거리가 생겼다.
김유경은 공산주의자였기에 한국에는 알려지지 못했다. 단,
그의 이름이 조금 다르게 표기되어 거리명이 러시아어로는
'김유천'으로 되어 있다.

Ⓐ ул. Ким-Ю-Чена Ⓖ 48.48273, 135.06888
Ⓜ Map → 9-B-3

c. Пани Фазани 빠니 파자니

술탄 바자르와 같은 건물 아래층에 있는 체코 펍이다. 수제
맥줏집이라 양조통도 곳곳에 보이는데, 맥주는 어떤 것을 맛봐도
일품. 실내 장식과 소품 하나하나 정성이 느껴진다. 체코식 복장을
한 종업원들이 서빙하며 늘 활기차고, 시끌벅적한 즐거움이 있는 곳.

Ⓐ ул. Муравьёва-Амурского, 3а(1층)
Ⓖ 48.47317, 135.05791 Ⓣ (4212) 94-08-30
Ⓗ 월-목 15:00-01:00, 금 15:00-02:00, 토 13:00-02:00, 일 13:00-01:00
Ⓘ @pani_fazani Ⓜ Map → 9-B-4

d. Султан Базар 술탄 바자르

벽돌 건물 2층의 아랍풍 레스토랑. 온통 아랍에 온 듯한 느낌의 소품과 인테리어에,
아랍 전통 복장을 한 직원들 이벤트는 재미를 더한다. 러시아 음식을 비롯하여 터키,
우즈베키스탄 요리가 주를 이룬다. 콤소몰 광장 근처 무라비요프-아무르스키 거리
초입에 위치한다.

Ⓐ ул. Муравьёва-Амурского, 3а (2층) Ⓖ 48.47317, 135.05791
Ⓣ (4212) 94-03-40 Ⓗ 일-목 12:00-01:00, 금-토 12:00-02:00
Ⓘ @sultan_bazar_khv Ⓜ Map → 9-B-4

g. La vita 라비타

하바롭스크 시내에 체인이 여럿 있는 카페로 매장마다 독특한 분위기를 자랑한다. 간단히 커피나 차 한 잔도 좋지만 달콤한 디저트, 간단한 아침 식사도 함께 해결하기 좋은 곳이다. 시내 곳곳에 있으니 어디든 걷다가 편안히 쉬어가자.

Ⓐ ул. Муравьёва-Амурского, 26 Ⓖ 48.47567, 135.06331
Ⓣ (4212) 55-60-73 Ⓗ 월-토 08:30-23:00, 일 11:00-23:00
Ⓘ @lavita.khv Ⓜ Map → 9-B-3

e. Центральный рынок 중앙 시장

힘을 얻고 싶다면 사람 사는 냄새 나는 시장으로 가 보자. 서민의 에너지를 느끼면서 신선한 식료품과 다양한 상품을 구경하는 것만으로도 즐거울 것이다. 시장 내 고려인이 운영하는 가게에서 그들이 만든 음식도 먹어 볼 수 있다. 중앙 시장은 레닌 광장에서 멀지 않다.

Ⓐ ул. Льва Толстого, 19 Ⓖ 48.48591, 135.06756
Ⓗ 08:00-19:00 Ⓦ www.rynokdv.ru Ⓜ Map → 9-B-3

h. Kafema 카페마

여행 중 커피 한 잔이 당긴다면? 세계 각국에서 들여온 원두를 취향대로 즐길 수 있는 커피 전문점 카페마로 직행! 향긋한 커피 향 가득한 카페에 들어서면 한 잔 이상 마시지 않고는 떠나지 못할 것이다. 블라디보스톡에도 매장이 여럿, 하바롭스크에만 10개 가까이 있는 믿고 먹는 브랜드.

Ⓐ ул. Муравьёва-Амурского, 25 Ⓖ 48.47793, 135.066
Ⓣ (4212) 24-22-12 Ⓗ 08:00-21:00 Ⓘ @kafema_coffee_roast
Ⓜ Map → 9-B-3

f. Кабачок 까바촉

목가적 분위기의 통나무집 속 우크라이나 레스토랑. 인테리어가 나무로 돼 있고, 각종 장식 소품 덕에 어느 농가에 와 있는 기분이 든다. 우크라이나 전통 음식으로 수프 보르쉬(борщ)와 만두 바레니끼(вареники)를 시켜 보자. 전통 의상을 입은 종업원이 가져다줄 것이다.

Ⓐ ул. Запарина, 84 Ⓖ 48.47767, 135.0638
Ⓣ (4212) 60-03-77 Ⓗ 12:00-24:00 Ⓘ @restorankabachok
Ⓜ Map → 9-B-3

i. Vdrova 브드로바

피자가 유명한 이탈리아 식당. 알록달록 동화 속에 들어온 듯한 인테리어에 눈이 즐겁고, 이색적인 복장으로 손님을 즐겁게 해 주는 종업원들로 미소 짓게 된다. 가성비 좋은 이탈리아 음식도 맛보고 기분까지 업!

Ⓐ ул. Муравьёва-Амурского, 15　Ⓖ 48.47563, 135.06208
Ⓣ (4212) 94-21-11　Ⓗ 월-금 12:00-23:00, 토-일 11:00-23:00
Ⓘ @vdrova_rjworlds　Ⓜ Map → 9-B-3

조용한 나만의 잠자리

하바롭스크에서 도시를 닮은 느긋한 휴식을 즐기는 건 어떨까.
강변 또는 조용한 시내, 아니면 당장 떠나도 좋을 기차역 부근도 좋겠다.

a. SOPKA Hotel 소프카 호텔

흡사 궁전의 모양을 하고 있는 소프카 호텔은 2016년 오픈한 4성급 호텔로, 금빛 지붕의 구세주 변모 대성당 근처에 있다. 깔끔하고 모던한 객실은 집처럼 안락하며, 아무르강이 멀지 않아 경관도 좋다. 호텔 내 레스토랑은 오픈 키친으로, 고풍스러운 디자인에 음식까지 만족스럽다.

Ⓐ ул. Кавказская, 20
Ⓖ 48.46486, 135.06596　Ⓣ (4212) 45-61-45
Ⓦ sopka-hotel.com　Ⓜ Map → 9-C-3

b. VERBA Hotel 베르바 호텔

하바롭스크 시내에 위치한 가성비 최고의 4성급 호텔이다. 모던한 인테리어의 객실은 시설도 깨끗하고 아늑하다. 조식이 제공되는 1층 레스토랑(Мука)은 나름의 맛집이다. 콤소몰 광장에서 도보로 5~6분, 무라비요프-아무르스키 거리와도 가까워 늦은 시간이라도 걸어서 이동하기 좋다.

Ⓐ ул. Истомина, 56а
Ⓖ 48.47599, 135.05894　Ⓣ (4212) 75-55-52
Ⓦ verba-hotel.ru　Ⓜ Map → 9-B-4

c. Гостиница Интурист 인투리스트 호텔

소련 시절의 느낌이 남아 있는, 도시의 역사를 담은 3성급 호텔이다. 건물과 시설이 전반적으로 오래되어 큰 기대를 하기는 어렵지만, 아무르강변, 인근 관광지와 가까워 도보로 이동하기 좋은 것이 장점이다. 호텔 내 다양한 편의시설이 있고 한식당 '코리아 하우스'도 있다.

Ⓐ Амурский бульвар, 2
Ⓖ 48.47492, 135.05145　Ⓣ (4212) 31-23-13
Ⓦ www.intour-khabarovsk.ru　Ⓜ Map → 9-B-4

d. Брендсон хостел 브랜슨 호스텔

기차역에서 멀지 않은 미니 호텔. 원래 정식 이름은 '기차역 앞(У вокзала 우 박잘라)' 호스텔로 하바롭스크 최초의 호스텔이었다. 무엇보다 위치가 좋아 열차 여행객들에게 인기가 높다. 4인, 6인, 8인 도미토리 룸이 있고, 방마다 카드 키가 지급된다. 내부를 리모델링하여 깔끔하다.

Ⓐ ул. Ленинградская, 89
Ⓖ 48.49641, 135.07003　Ⓣ (4212) 91-00-49
Ⓦ www.brandsonhotel.ru　Ⓜ Map → 9-A-3

Traveler's Note

"극동 러시아의 항구 도시 블라디보스톡. 어떤 도시인지 궁금하다면? 떠나기 전 이 매력적인 장소에 대해 조금이라도 알고 가자. 생각보다 가깝고, 상상한 것보다 더 괜찮게 느껴질 것이다."

2 hours

인천에서 블라디보스톡까지는 비행기로 최소 2시간 내외면 갈 수 있다. 비행시간은 노선에 따라 다르지만 최소 2시간, 최대 2시간 30분 정도. 머나먼 것 같은 러시아지만, 정말 가까운 이웃 동네인 건 확실하다.

+1 hour

블라디보스톡은 한국보다 1시간이 빠르다. 그런데 실제로는 지리적 위치가 크게 차이 나지 않아 일출, 일몰 시간대가 한국과 비슷한 느낌을 받는다. 참고로 블라디보스톡과 모스크바의 시차는 7시간, 러시아 전역 최대 시차는 10시간!

60 days

한러 사증면제협정으로 2014년부터 단순 관광 목적 시엔 비자가 필요 없다. 단, 체류 가능 연속 기간은 1회 최대 60일, 입국일 기준 6개월 내 누적 90일만 머무를 수 있다. 러시아에 오래 있고 싶다면 날짜 계산을 잘할 것.

within 7 days

러시아에는 체류 시 자신이 머무는 곳을 신고하는 거주지등록제도(регистрация)가 있다. 짧은 일정은 상관없지만, 입국 후 영업일 기준 7일 이상 체류 시 거주지 등록은 필수! 오래 있다면 숙소에 미리 요청하자.

0.6 million

'동방 정복'의 항구도시 블라디보스톡은 러시아 연해주의 주도(主都). 인구는 2010년 기점으로 급증했지만 현재는 소폭 감소해 약 60만 명이 거주한다. 인구수로는 순위권에 들지도 못하지만, 향후 역할은 기대된다.

6 months

러시아는 1년의 절반이 겨울이다. 블라디보스톡은 특히 비디가 일어붙는 수위에 거센 바람과 눈발까지 더한다. 따뜻하고 날 좋은 때는 2~3개월 반짝. 사람 북적거리는 여름에 갈지, 혹한을 느끼러 겨울에 갈지는 여행자의 선택.

9,288km

블라디보스톡은 시베리아 횡단 철도가 시작되는 지점. 열차는 무려 9,288km나 달려야 모스크바까지 갈 수 있다. 대륙을 횡단하는 이 기나긴 여정은 여행자들 최고의 버킷리스트.

14 days

쉴 때는 제대로 쉬는 러시아. 대체 공휴일제를 지키고, 공휴일이 평일 사이에 끼어 있을 때는 주말 근무를 해서라도 징검다리 휴일을 만들어 쉰다. 연휴가 되는 공휴일은 매년 상황에 따라 달라지므로 미리 확인하고 가는 것이 좋다.

1월	1~6일, 8일	신년 연휴
1월	7일	정교회 크리스마스
2월	23일	조국 수호자의 날
3월	8일	세계 여성의 날
5월	1일	노동자의 날
5월	9일	전승기념일
6월	12일	러시아의 날
11월	4일	민족 화합의 날

Check List

> 블라디보스톡은 다른 여행지와는 조금 다른 출발선에서 시작해야 한다.
> 러시아라서 꼭 알아야 하는 체크 리스트, 꼼꼼히 챙겨 보자.

Passport & Immigration Card

신분증인 여권, 그리고 러시아 입국 시 받는 출국카드는 꼭 챙기자. 호텔이나 기차역 등 여권 제시할 때 늘 이 카드를 확인한다. 이를 분실하면 출국도 번거롭게 되니 여권에 잘 고정해 보관할 것.

Smoking & Drinking Restrictions

러시아에서는 현지 법에 따라 2014년부터 흡연·음주가 제한되고 있다. 흡연은 지정된 장소에서만 가능하며 담배도 보이지 않게 판매한다. 마트에서 밤 10시 이후로는 알코올을 구입할 수 없다. 위반 시 상당한 벌금을 부과한다.

Etiquette In Public Place

러시아의 공공장소나 레스토랑에서는 무거운 외투를 입구 옆 옷 보관소(rapдepo6 가르제롭)에 맡기고 들어가야 한다. 그들의 문화이며 에티켓이다. 실내 난방이 잘 되므로 겉옷 없이도 따뜻하고, 번호표를 주기 때문에 옷이 바뀔 걱정도 없다.

Cash

대부분의 상점과 레스토랑에서 신용카드를 받는다. 그래도 팁을 줄 때나 카드 결제가 안 될 때를 대비해 여유분의 현찰은 준비하자. 현찰은 작은 단위로 준비할 것. 거스름돈이 없다며 손님에게 잔돈을 요구할 수도 있으니 말이다.

Be Careful

블라디보스톡 치안은 예전보다 많이 좋아졌다. 그렇지만 최근 여행객이 급증하며 발생하는 사건·사고가 많으니 안전 여행을 위해 항상 조심하자. 총영사관 연락처(주간 +7 (423) 240-22-22, 24시간 +7 (914) 072-83-47) 챙기기.

Tip

고급 레스토랑이나 호텔, 카페 등 담당 서빙이 있는 곳을 방문했다면 떠나면서 팁을 남겨 두자. 정해진 비용은 없지만 서비스에 만족한 만큼 현찰로 남기면 되며, 보통 총액의 10% 수준이 적당하다.

Exchange

환전은 한국에서 해 가거나 현지에 가서 하는 방법이 있다. 현지에서 환전하고 싶다면 환율이 높은 환전소(обмен валюты)나 은행(банк)을 찾아가자. 단, 외화가 훼손되었거나 작은 단위 화폐일 경우 받지 않으니 되도록 신권, 큰 단위로 준비할 것. 현지 ATM에서 루블화 인출도 괜찮다.

Communications Barrier

생각보다 영어가 안 통한다. 레스토랑에 한국어 메뉴가 꽤 있기는 하나, 일상 대화는 어려운 상황. '안녕하세요(Здравствуйте 즈드라스뜨부이쩨)! 감사합니다(Спасибо 스빠시버)!' 등 간략한 표현은 익혀 가고 번역 앱을 활용하자.

City of Change

여행객이 급증하면서 블라디보스톡은 빠르게 발전하고 있다. 최근 알아본 정보와 달리 물가가 올라 있을 때도 있고, 방문하려고 한 장소가 없어지거나 업종이 바뀐 경우도 있을 것이다. 그만큼 이곳은 유행에 민감하고 변화가 빠른 도시가 됐다.

Season Calendar

> 기나긴 겨울에 변덕스러운 기후를 가진 블라디보스톡. 하루에도 몇 번씩 바뀌는 날씨로 롤러코스터를 타게 될지도 모른다. 이곳에서 기후 대비 아이템은 선택이 아닌 필수다.

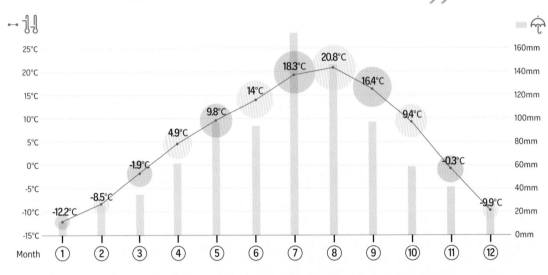

Month ① ② ③ ④ ⑤ ⑥ ⑦ ⑧ ⑨ ⑩ ⑪ ⑫

1월 혹한
가장 추운 1월의 평균 최저기온은 -15.3°C, 바람까지 거세면 체감온도는 -23°C 이하.

5월 봄날
블라디보스톡 봄의 푸릇한 잎사귀는 5월 초·중순에 얼굴을 내민다.

6~7월 우기
안개와 비 때문에 몇 주간 해를 보기 어렵다. 여행은 가급적 피할 시기.

8월 피서
건조하고 날이 적당한 여름 피서지로서의 블라디보스톡은 8월이 적기!

10월 첫눈
블라디보스톡의 첫눈은 10월이 끝나기 전에 오기도 한다.

11~3월 얼음바다
바다는 11월부터 얼기 시작하여 3월까지도 꽁꽁 얼어붙어 있다.

계절별 옷차림
11~4월: 블라디보스톡의 겨울, 실내는 따뜻해도 바깥은 춥다. 나갈 때는 완전무장을 하자. 햇살이 있어도 칼바람과 눈발에 눈물이 얼어붙을지 모른다. 내복은 물론, 두툼한 롱 패딩, 털모자, 미끄럼 방지 털 부츠는 필수품! 장갑과 목도리, 핫팩도 있다면 좋겠다. 겨울에 겉멋은 사치다.
7~8월: 짧은 여름은 비가 오는 시기와 청명한 시기로 나뉜다. 옷차림은 최대한 가볍게 하되, 가급적이면 반바지보다는 긴 바지에 반팔, 긴 소매 옷도 준비하는 것이 좋다. 비바람이 올 때 쓸 튼튼한 우산이나 우비, 따가운 햇볕에 대비할 선글라스와 자외선 차단제도 잊지 말자.
5~6월, 9~10월: 난방이 제대로 되지 않는 간절기에는 옷 입기가 참 애매하다. 그렇다고

잘못 입었다가 감기에 걸리기 십상. 얇은 패딩이나 스카프, 짧은 부츠를 준비해 간다면 어느 정도 커버가 가능할 것이다.

시기에 따른 여행 콘셉트
따뜻한 시기 블라디보스톡을 방문하면 두 발로 곳곳을 누비는 맛이 있다. 산책과 레저, 다양한 활동이 가능한 최고의 여름은 단 2~3개월. 그 외 1년의 절반, 이동이 불편한 추운 겨울에는 공연 관람이나 사우나 등 실내 활동으로 몸과 마음의 추위를 녹이는 여행을 하자.

복잡한 그곳의 날씨 사정
블라디보스톡 여행에서 일기예보 모니터링은 필수 일과. 바다를 낀 험준한 지형 때문에 날이

변덕스럽거나 극단적으로 바뀌기 때문. 하루에 다양한 기후를 체험할 수도 있으므로 우산과 긴 소매는 일단 챙겨 가자. 대체로 바람이 많이 불고 따뜻할 땐 안개가, 혹한 때는 눈발이 앞을 가린다.

Tip.
블라디보스톡 일기예보가 궁금해요!
현지 예보가 더 정확할 것이다. 2주에서 길게는 한 달 후 날씨까지 알려 주는 기스메테오 사이트 (www.gismeteo.ru), 상세하게 예보해 주는 연해주 날씨 사이트(www.primpogoda.ru)를 활용하자. 시간대별 날씨 차이가 크니 확인은 필수. 단, 러시아어라 크롬으로 번역 도움을 받을 것.

Festival

> 바다 도시 블라디보스톡에서 해마다 열리는 축제(фестиваль)에 가 보자.
> 추운 날씨에도 매 순간을 즐기는 현지인들의 비결을 알게 될 것이다.

사진: 블라디보스톡시 제공

February

Vladivostok Ice Run 블라디보스톡 아이스 런
걷기도 힘든 얼음바다 위를 달려가는 이색적인 레이스.
매년 초 열리는 아이스 국제 하프 마라톤은 코스별(5km,
10km, 21.1km) 참가가 가능하다. 매서운 겨울바람
속에 달릴 자신 있는 자, 도전하라! 얼음 장비는 필수.
ⓦ vladivostokice.run

사진: 블라디보스톡시 제공

July

День города 도시의 날
블라디보스톡 생일은 7월 2일. 1860년 금각만에 군함
만주호 정박으로 시작된 마을의 시초가 지금에 이르렀다.
도시 탄생 기념행사는 중앙광장과 스포츠 해안로를
중심으로 펼쳐지는데, 끝은 항상 화려한 불꽃놀이로
마무리된다. 아울러, 7월의 마지막 일요일은 '군함의
날(День ВМФ)'로 바다 위 많은 군함들이 떠 있는
모습을 목격할 수 있다.

사진: V-ROX 홈페이지 제공

August

Vladivostok Roks: V-Rox
블라디보스톡 국제 록 페스티벌
바다 도시에서 열리는 열광의 록 축제! 국내외 천여 명의
록 아티스트들이 스포츠 해안로 무대에서 최고의 음악을
들려준다. 록과 힙합, 인디, 재즈 등을 즐기며 감상할 수
있다. 2015년엔 한국의 YB도 참가했다고!
ⓦ vrox.org

사진: 블라디보스톡시 제공

May

Ночь музеев 박물관의 밤
5월 18일은 세계 박물관의 날. 이날 전후로 열리는
'박물관의 밤' 행사에서 극동 러시아 문화예술을 체험해
보자. 아르세니예프 박물관과 분관에서 늦은 시간까지
다채로운 행사가 가득하고, 음악과 먹거리가 있는 문화
축제가 이어진다.

День победы 전승기념일
5월 9일은 러시아 사람들의 가장 자랑스러운 날.
1941~1945년 대조국 전쟁에서 소련이 독일을 승리한
이 날을 매년 성대하게 기념하고 있다. 중앙광장에서
탱크와 군대 퍼레이드가 이어지고 각종 행사가 열린다.

사진: 블라디보스톡시 제공

September

День тигра 호랑이의 날
호랑이를 보호하자는 취지로 시작된 '호랑이의 날'.
연해주에서만 만나볼 수 있는 즐거운 축제이다. 호랑이
퍼레이드와 콘서트, 그리고 각종 경연과 이벤트가
열린다. 매년 9월의 마지막 일요일에 기념한다.

Pacific Meridian 아시아태평양 국제영화제
아시아태평양 지역 영화배우와 감독, 그들의 작품을
만나는 국제 영화제. 마린스키 극장에서 개막식이
열리며, 영화관에서 상영 예정작을 만나볼 수 있다.
ⓦ pacificmeridianfest.ru

September~ October

Держи краба! 킹크랩을 잡아라!
연중 캄차트카 킹크랩을 놓치면 후회하는 시기! 축제 동안
시내의 지정 레스토랑에서 킹크랩 한 마리에 한해 절반
정도 저렴한 가격으로 판매한다.
그 외에도 시즌에 따라 제철 빙어, 대구 가리비, 빙어, 대구
축제도 열린다.
ⓦ kingcrabrussia.ru(킹크랩 축제)
scallopfest.ru(가리비 축제)

Transportation

> 닿을 듯 러시아, 블라디보스톡. 우리의 가장 가까운 러시아인 이 이웃 도시는
> 이제 마음만 먹으면 오늘이라도 당장 떠날 수 있다!

공항

"2시간이면 유럽, 블라디보스톡.
저렴한 항공료로 많은 여행자의 발걸음을
이끌고 있다. 동남아시아보다는
가깝고, 유럽에 비해서는 비용은 확
줄어드니 주저 없이 선택하는 거다."

Международный аэропорт
Владивосток 블라디보스톡 국제공항

블라디보스톡 북부 50km 아르촘시
크네비치(Кневичи)에 위치한다. 시원스러운
유리로 된 공항 청사는 APEC 정상회담 개최에
맞춰 2012년 새로 지어졌다. 규모는 작아도
꽤 현대적 시스템을 갖추었고, 한글 간판도
많이 보여 반갑기까지 하다. 공항의 입구와
출구는 다른데, 입구에선 무조건 보안 검색대를
통과해야 한다.

주소 г. Артем, ул. Владимира Сайбеля 41
GPS 43.395147, 132.147711
전화 (423) 230-69-09
홈페이지 www.vvo.aero

서울, 부산, 대구 ⇨ 블라디보스톡
대한항공, 제주항공, 오로라항공, 시베리아항공, 이스타항공, 티웨이항공, 에어부산

1. 매일 노선

인천~블라디보스톡 노선은 매일 있다.
인천에서는 대한항공, 오로라항공,
시베리아항공, 저가항공으로는 제주항공,
이스타항공이 정기 운항한다. 부산(에어부산,
오로라항공), 대구(티웨이항공)도 정기노선이
있으며, 시즌에 따라 청주, 양양에서도 운항한다.

2. 저렴한 티켓

미리 준비할수록 항공임은 내려간다. 비수기라면
더욱 좋다. 일정이 정해지면 사전에 예약
사이트를 통해 가격대를 조사해 보자. 저렴한
표라도 환불이 가능한 티켓인지, 수하물이
기본으로 포함되는지 등 꼼꼼히 살펴보아야 한다.

3. 비행시간

항공편마다 비행 소요 시간이 차이 난다.
우리나라 국적기는 항로가 달라서 러시아
항공기보다 30분 정도 더 걸린다. 우리나라
비행기의 편안함보다 조금이라도 빨리 가고
싶다면 오로라항공, 시베리아항공 등 러시아
항공사를 선택할 것.

4. 출발 시간대

오전 10시부터 오후 1시, 10시, 11시 등 비행
스케줄은 다양하게 구성된다 일정과 가격대를
고려하여 선택하자. 단, 저가항공의 경우 늦은
밤에 출발하여 다음 날 새벽에 도착하는 일정이라
힘들 수 있다. 충분한 휴식으로 여행에 임하자.

공항 > 시내

1. Электропоезд 공항철도

공항 입국장을 나와 우측 끝으로 가면 공항철도 탑승장으로 연결된다. 여기서 블라디보스톡 시내 기차역까지 54분이면 갈 수 있다. 단, 공항철도는 하루에 5회만 운행되므로 시간대가 맞지 않으면 타기 힘들다. 시내 방향 열차에서는 우측 창가에 앉으면 바다를 보며 갈 수 있다.

공항 → 시내 07:42, 08:30, 10:45, 13:15, 17:40
시내 → 공항 07:10, 09:02, 11:51, 16:00, 18:00
(시간은 변동될 수 있음)
요금 ₽250

2. Автобус 버스

공항에서 출발하는 107번 미니버스는 블라디보스톡 기차역까지 운행된다. 교통 정체가 없으면 50분에서 1시간이면 충분하다. 버스는 오후까지 1시간에 1~2대꼴로 다니는데, 자리가 차는 대로 시간표에 상관없이 바로 출발한다. 요금은 기사에게, 큰 짐이 있으면 비용이 추가된다.

공항 → 기차역 08:10~18:00(배차 간격 30분), 19:00, 20:00
기차역 → 공항 06:40~17:20(배차 간격 20~30분)
요금 ₽220~ (큰 짐 ₽110~ 추가)

3. Такси 택시

택시는 공항 1층 택시 부스에서 예약하고 이용하자. 입국장에서 따라붙는 호객꾼은 상대하지 말 것. 시간에 여유가 있다면 현지 심카드로 교체하고 택시 앱(maxim, yandex)을 이용하는 것도 좋겠다.

요금 ₽1,500 내외

크루즈 페리

"블라디보스톡~동해~사카이미나토 노선의 DBS 크루즈 페리는 동해에서 매주 일요일 2시에 출항해 꼬박 하루가 걸린다. 선내 인터넷과 충전이 안 되는 불편함, 입국 시 수속의 번거로움은 감수해야 한다. 왕복 요금은 30~50만 원대."

동해 ⇨ 블라디보스톡
DBS 크루즈 페리

Владивостокский Морской вокзал 블라디보스톡 해양터미널

동해항에서 출발한 크루즈 페리는 블라디보스톡 기차역 옆 해양터미널에 입항한다. 성수기에는 도시를 집어삼킬 것만 같은 대형 크루즈가 정박한 모습을 종종 목격할 수 있다.

주소 ул. Нижнепортовая, 1
GPS 43.111629, 131.883068
전화 (423) 249-79-43
홈페이지 www.vlterminal.ru

DBS 크루즈 페리 홈페이지
www.dbsferry.com

Tip. 시내로 가려면?
블라디보스톡 해양터미널은 시내에 있다. 웬만한 거리는 도보로 갈 수 있다. 조금 먼 거리를 가야 한다면 기차역 앞 버스를 이용하거나 택시를 부르자.

어렵지 않은 시내 교통

"블라디보스톡 시내는 걸어서 이동하는 데 불편함이 없다. 조금 멀리 간다면 버스나 택시를 이용하자. 단, 도로 사정이 좋지 않아 제시간 도착은 어려울 수 있다."

1. Автобус 버스

낯익은 한국 중고버스도 있다. 버스 전체 노선을 알고 싶다면 구글맵이나 2GIS 지도 앱에서 정류장 정보로 확인해 보자. 버스 요금(P23)은 하차할 때 기사에게 지불한다. 이때 가급적 잔돈으로 준비해 둘 것.

Tip. 유용한 지도 앱 2GIS
데이터 사용 없이 GPS만으로 내비게이션이 가능한 앱. 여행 전 미리 2GIS 영어 버전으로 블라디보스톡 지도를 다운받아 놓자. 정류장을 선택하면 정차 버스 목록이 뜨고, 번호별 노선도 한눈에 파악할 수 있다. 지금 위치에서 가고 싶은 곳 경로까지 알려 주니 도시 이동 '머스트 해브' 앱이다.

버스 타는 법
❶ 승차할 버스를 미리 확인
❷ 버스가 오면 뒷문으로 탑승. '입구'는 'ВХОД(프호드)'.
❸ 내리기 전 요금(P23)을 미리 준비했다가 기사에게 전달하고 앞문으로 하차.

시내 주요 버스 노선

❶ **23번 버스** : 클로버 하우스~빠끄롭스키 공원~경제서비스대학교~시외버스 터미널 (배차간격: 4분)
❷ **62번 버스** : 토카렙스키 등대 근처~블라디보스톡 기차역~중앙광장~스빠르찌브나야~깔리나 몰~까쩨르나야~스빠르찌브나야~중앙광장~쌈베리~토카렙스키 등대 근처(배차간격: 9분)
❸ **15번 버스** : 연해주 수족관~극동연방대학교~마린스키 극장~이줌루드 쇼핑센터~빠끄롭스키 공원~뻬르바야 레치까 시장~마린스키 극장~극동연방대학교~연해주 수족관(배차간격: 8분)
❹ **29д번 버스** : 이줌루드 쇼핑센터~경제서비스대학교~극동연방 대학교~ 바라쉴롭스카야 대포~바이보다 (배차간격: 약 1시간)
❺ **28번 버스** : 클로버 하우스~빠끄롭스키 공원~프따라야 레치까~세단카~라주리나야마(샤마라)~에마르만(배차간격: 1~2시간)

2. Маршрутка 미니버스

미니 밴 형태의 버스로, 요금은 기본 P23부터 이며 거리가 멀수록 올라간다. 미니버스의 좋은 점은 지정 정류장이 말고도 가는 중이면 어디라도 승객이 원하는 지점에 내려 준다는 사실. 하차 직전 기사에게 미리 알려 주면 세워 준다. 미니버스도 역시 요금은 내리면서 기사에게.

Tip.
미니버스를 타고 가다가 하차하고 싶은 지점에서 '세워 주세요!' 하고 힘차게 외쳐 보자. **Остановите, пожалуйста!** 아스따나비쩨, 빠촼으스따 세워 주세요!

Tip.
Q. 로밍 VS 현지 심카드?
A. 현지에서 앱을 사용하려면 데이터를 써야 하는데, 로밍해 가는 것보다 현지 번호 개통이 훨씬 저렴하다. 여행 중 한국 통화가 필요하다면 로밍이 좋겠지만, 데이터 이용이 많으면 현지 심카드 구입을 권한다. 요금은 데이터 용량에 따라 다르지만 P300~500 수준.

3. Rental Car 렌터카

블라디보스톡에서 매번 버스, 택시 이용이 불편하면 차를 빌리는 것을 고려해 볼 수 있겠다. 하지만 현지 운전 스타일이 거세고 도로 여건도 좋지 않아 추천하지는 않는다. 한국과는 다른 도로 사정에 나도 모르는 사이 교통법을 위반해 교통경찰에게 걸리기라도 하면 국제운전면허증도 무용지물이 될 수 있다. 무조건 안전운전, 보험에 포함되는 사항도 꼼꼼히 따져 보자. 렌트 시 보증금이 높은 편.

AVIS www.avisrussia.ru
City Car www.citycar.rent

Tip. 차량 렌트 시 주의사항
- 시내 일방통행이 많다. 꼭 내비게이션을 찍고 가자. 구글맵을 이용하고 싶다면 핸드폰 거치대도 챙겨 갈 것.
- 러시아는 무조건 보행자 우선이다. 길을 건너는 사람을 봤다면 반드시 멈춰야 한다.
- 겨울에는 눈이 많이 내리고 언덕도 많아 안전상 사륜구동(4WD)차를 빌려야 한다.
- 러시아 주유소는 대부분 셀프. 주유 준비 후 카운터로 가서 필요한 리터 수를 이야기하자.
- 주유소에 적힌 번호(92, 95, 98)는 가솔린, 러시아어(ДТ)는 경유이다.

4. Такси 택시

블라디보스톡은 택시가 대부분 예약제로 운영된다. 러시아어를 몰라도 쓸 수 있는 택시 앱을 사용하자. 여건이 안 되면 호텔이나 레스토랑에 택시 호출을 부탁해도 좋다. 시내 기본요금은 ₱150 내외, 조금 벗어나면 ₱200~400 정도. 택시는 거의 일본 차로 우측 핸들이 많다.

택시 앱 이용하기

현지 심카드를 사용한다면 직접 택시를 예약해 보자. 택시 앱을 다운받은 후, 현지 번호로 인증하면 바로 이용할 수 있다. 주문 시 택시 차량을 등급별로 선택할 수 있고, 기사가 매칭되면 차종과 색깔, 몇 분 후 도착하는지 알려 줘 안전하다. 단, 이때도 현찰 지불 시 잔돈은 필수다.

❶ 차량 선택

기본 차량 이코노미 (ECONOMY)와 그보다 좋은 컴포트(COMFORT)가 있다. 5명 이상이 택시를 이용한다면 미니밴(MINIVAN)으로 부르자.

❷ 경유지 추가

다른 곳에 들렀다 가는 동선일 경우 목적지에 주소를 추가하자. 경유지에서 대기 시간이 오래 발생하면 기사가 비용을 더 청구한다.

❸ 옵션

캐리어처럼 큰 짐이나 동물이 있다면 비용이 추가된다. 선택사항에 따로 표시해야 한다.

Tip. 현지 대표 택시 앱

막심 Maxim
가격 저렴하고 차가 많다는 장점이 있으나 불친절한 기사를 만날 가능성도 높다. 승객 핸드폰을 빌려 위치를 조작하는 등 사기 행각도 있다고 하니 유의하자.

얀덱스 택시 Yandex Taxi
러시아 서부 지역에서 이용이 활발한 택시 서비스. 현지 심카드 없이도 한국 번호로 인증하고 사용할 수 있어 좋다. 막심보다 운행 택시 수가 약간 적은 편.

Tip. Vladivostok City Tour Bus 블라디보스톡 시티투어 버스

블라디보스톡 시내를 한눈에 돌아보고 싶다면? 시티투어 버스로 편하게 이동하며 구경해 보자. 오디오 가이드가 도시에 대한 이해를 도와준다. 주요 6개 스폿에 정해진 시간만큼 정차하며, 총 소요 시간은 약 3시간. 예약하지 않더라도 원하는 날, 원하는 시간에 카페 라운지에서 탑승권을 구매할 수 있다. 하루 3회, 성수기인 5월부터 10월까지는 4회 운행한다.

운행 시간 10:00-13:00 / 13:00-16:00 / 16:00-19:00 / 19:00-22:00(성수기)
요금 ₱1,000
판매처 카페 라운지(p.035) 현장 구매
출발지 트래블러스(p.102)

운행 노선
출발 트래블러스 →
❶ 개척리(국경 거리) →
❷ 스포츠 해안로 →
❸ 블라디보스톡 기차역 & 레닌 동상 [20분 정차] →
❹ 중앙광장 & 연해주 청사 [15분 정차] →
❺ 스베틀란스카야 거리 →
❻ 개선문 & 잠수함 박물관 [20분 정차] →
❼ 금각교 →
❽ 마린스키 극장 연해주 무대 [10분 정차] →
❾ 독수리 전망대 [25분 정차] →
❿ 빠끄롭스키 사원 [10분 정차] →
도착 카페 라운지

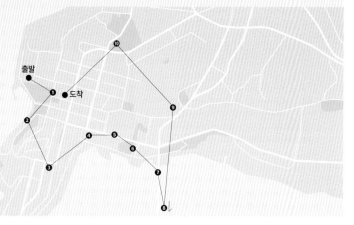

The Best Day Course

BEST COURSE **1 DAY** 젊은 번화가와 바다 산책

Ух Ты, блин!

우흐 뜨이, 블린!
10:00
아르바트 거리에 줄 서서 먹는 러시아식 팬케이크 집. 배 속을 알차게 채워 주는 얇은 팬케이크 속 토핑은 입안에서 톡톡 터진다. 내부의 전통 가옥 분위기는 덤.

Новая Галерея

노바야 갤러리
13:30
그림 하나하나에 감동이 밀려드는 블라디보스톡 출신 공훈 화가 세르게이 체르카소프의 작은 갤러리. 바다와 블라디보스톡의 아름다움이 붓 터치에 모두 담겨 있다.

Пятый океан

삐야띠 아께안
18:00
해안로 끝에 위치한 동화 속 해산물 레스토랑. 수조 속 활기찬 킹크랩 중 한 마리 잘 골라 보자. 바다의 석양을 바라보며 게살을 발라 먹는 감동은 말해 무엇할까.

Сундук Showroom

순둑 쇼룸
11:00
아름다운 벽화 통로 속 보물 같은 장소. 감각 넘치는 아이템, 도시의 작은 선물들이 시선을 빼앗아 간다. 현지 예술가들이 직접 디자인한 작품들을 만나 보자.

Спортивная Набережная

스포츠 해안로
14:30
봄이 오면 시민들의 레저 활동이 펼쳐진다. 놀이공원 관람차도 스릴 만점이다. 별다른 활동을 하지 않아도 그냥 바다를 보며 산책하는 것만으로 마음이 평온한 곳.

Пляж Юбилейный

유빌레이니 해변
20:00
해가 진 후에는 조명 빛 유난히 반짝이는 유빌레이니 해변으로 가 보자. 흘러나오는 음악에 몸을 맡긴 현지인의 흥, 술 한 잔과 끝없는 이야기에서 에너지가 느껴진다.

Супра

수쁘라
12:00
무료 와인 시음으로 웨이팅마저 즐거운 조지아 레스토랑. 복주머니 만두 힌깔리와 치즈 가득한 하차뿌리, 그리고 하이파이브 유쾌한 종업원은 이곳 최고의 행복이다.

Музей Владивостокская крепость

블라디보스톡 요새 박물관
16:30
블라디보스톡의 요새들 중 시내에 위치한 것으로, 세계가 인정하는 해상 요새다. 계단을 오르다 지칠지도 모른다. 각종 무기와 전쟁의 역사가 잠든 박물관이다.

Moonshine

문샤인
21:00
꽤 괜찮은 바텐더가 만들어주는 칵테일 한 잔 당길 때. 은은한 조명과 분위기는 그 맛을 업 시켜 준다. 바깥 간판에 둥근 보름달이 떠 있는 감성 바를 찾으면 된다.

BEST COURSE 2 DAY

바다 도시의 과거와 파노라마

09:30

Мидия

미지야
젊은 감각이 살아 있는 독특한 분위기의 카페. 커피 한 잔에 맛있는 아침 식사를 주문해 보자. 홍합 모양 번호표를 받아 대기하며 감각적 사진도 몇 장 남겨 보자.

10:30

Музей им. Арсеньева

아르세니예프 연해주 박물관
극동 러시아 역사를 간직하고 있는 박물관. 1층에서는 발해의 유물도 볼 수 있고, 그밖에 흥미로운 내용과 지식이 가득하다. 연해주, 블라디보스톡의 과거를 훑어 보자.

12:30

Vlad Gifts

블라드 기프츠
중앙광장에 들어서면 바로 연결되는 기념품 가게. 마뜨료쉬까를 비롯해 소련 기념품, 블라디보스톡을 기록한 아이템 등 다양한 제품이 자신의 존재를 뽐내며 손길을 기다린다.

13:30

Shönkel

숀켈
굼 옛 마당에서 블라디보스톡 수제버거 선구자의 요리를 먹어 보자. 작고 감각적인 장소 안에 앉아 주인장의 특제 레시피로 정성스레 만든 버거를 맛있게 한 입!

15:00

Николаевские триумфальные ворота

니콜라이 개선문
제정러시아 마지막 황제의 블라디보스톡 방문 기념으로 세워졌다. 멋스러운 지붕과 쌍두독수리가 한눈에 들어오는 이곳 아치문을 지나 성공과 행복을 잡아 보자.

15:30

Мемориальная подводная лодка С-56

잠수함 박물관
블라디보스톡 선박 해안로를 든든히 지키고 있는 거대 잠수함. 대조국 전쟁에서 소련이 독일 선박 14대를 격추한 당시를 상상하며 그 속을 한 번 탐험해 보자.

16:30

Набережная Цесаревича

황태자 해안로
블라디보스톡 제2의 해안로. 거대한 금각교를 배경으로 산책을 하기도, 인라인스케이트를 타기도 한다. 항상 활기찬 이곳은 젊은이들의 명소로 뜨고 있다.

17:30

Видовая площадка Орлиное Гнездо

독수리 전망대
도시의 명물 푸니쿨라로 언덕을 오르면 펼쳐지는 전망대. 금각교 배경의 파노라마로 가슴이 뻥 뚫리는 기분이다. 해 질 무렵이면 더 멋진 예술 작품이 펼쳐진다.

19:00

Michelle

미셸
맛있는 음식 먹으며 하루 동안 거닐던 시내를 한 눈에 정리할 수 있는 곳. 멋진 야경에 고급 유럽식 요리와 함께 로맨틱한 라이브 공연까지!

BEST COURSE | 3 DAY

옛날의 멋과 예술적 아름다움

Лакомка

라꼼까

10:00

역사 깊은 블라디보스톡 빵 공장에서 만든 베이커리 카페에서 갓 구운 빵과 커피 한 잔을 즐겨보자. 빵 냄새를 맡는 것만으로도 아침을 기분 좋게 맞이할 수 있다.

Приморская картинная галерея

연해주 국립 미술관

11:00

러시아의 문화예술을 살짝 체험 버전으로 즐길 수 있는 미술관. 작품 하나하나, 그리고 그림을 돋보이게 하는 액자까지 꼼꼼히 구경해 보자. 새롭게 다가올 것이다.

Настальгия

나스딸기야

12:00

아름다운 분위기 속에서 깔끔한 현지 요리를 즐겨 보자. 제정 시대 분위기를 낸 방에서 식사하면 음식의 맛도 한층 더 고급스럽게 다가올 것이다.

ЖД вокзал Владивосток

블라디보스톡 기차역

13:00

시베리아 횡단 철도의 시작점. 기차역 건물 천장과 벽 구석구석에 묻어나는 제정러시아의 위엄을 찾아보자. 멀리 플랫폼의 옛날 기관차와 9,288km 기념비도 눈도장 찍기.

Антикварная галерея Раритет

라리쩨뜨 골동품 갤러리

14:00

옛날 주화부터 이콘, 옛 사진, 소련 시절 물건까지 온통 진품만 취급하는 골동품 갤러리. 박물관처럼 구경만 해도 신비하다. 배지나 작은 기념품 하나 정도 구입하면 좋겠다.

Токаревский маяк

토카렙스키 등대

15:00

블라디보스톡 바다를 지키는 빨간 모자 등대. 날씨 맑은 날에 바다와 하늘, 등대가 만들어낸 조화는 그야말로 장관이다. 등대 진입로가 열려 있는 날은 운수 좋은 날!

Дело в мясе

젤로 브 먀세

17:00

고기가 먹고 싶은 날! 어둑하지만 분위기 있는 레스토랑 오픈 키친의 셰프 요리를 구경하다 보면 어느새 주문한 고기가 도착해 입안에서 사르르 녹고 있다.

Мариинский театр Приморская сцена

마린스키 극장 연해주 무대

19:00

블라디보스톡에서 문화생활은 필수! 금각만 배경 현대식 극장에서 최고 수준의 러시아 발레나 오페라, 음악을 감상해 보자. 예매는 필수, 안 하면 손해.

Old fashioned gastrobar

올드 패션드 가스트로바

22:00

하루를 마무리하는 칵테일 한 잔, 이만큼 분위기 좋은 곳도 없다. 밤이 되면 더욱 빛을 발해 아름다워지는 조명 아래에서 카리스마 바텐더가 선보이는 최고의 작품을 마시자.

BEST COURSE · 4 DAY · 우리 역사와 고즈넉한 휴식

Памятник корейским поселениям & Сеульская, 2a

10:30

신한촌 기념비와 서울 거리
시내 북쪽에서 찾는 우리 역사의 흔적. 한인 독립운동의 불씨를 키웠던 한인들 마을은 사라졌지만, 신한촌 기념비와 서울 거리가 이를 기억하고 있다.

Покровский парк

12:00

빠끄롭스키 공원
블라디보스톡 시민들의 쉼터. 고즈넉한 공원 속 커다란 정교회 사원이 한 폭의 그림 같은 이곳에서는 조용히 여행을 정리하고 한숨 돌렸다 가기 적격이다.

Бабмаша

13:00

밥마샤
마샤 할머니의 레시피로 만드는 러시아 가정식을 먹어 볼 수 있는 곳. 예쁜 인테리어에 먼저 반하고, 사르르 녹는 음식 맛에 또 한 번 반하게 되는 감동의 맛집이다.

BEST COURSE · +1 DAY · 근교 나들이

Остров Русский

루스키섬
2012년 APEC 정상회의 개최로 새 생명을 얻은, 시내에서 1시간 거리의 섬. 극동연방대학교, 연해주 수족관 등 인공의 건축물, 토비지나곶과 뱌틀리나곶 등 천혜의 자연, 요새와 대포까지 공존하는 매력의 장소다. 꼼꼼하게 둘러보다 보면 하루가 짧게 느껴질 것이다.

Шамора

샤마라
백사장 모래가 유난히 고운 샤마라는 블라보스톡 사람들이 애정하는 바다. 투박한 소박함이 은근한 매력을 준다. 바다와 함께 갓 구운 아르메니안 샤슬릭 한 점이면 힐링 그 자체. 주말과 공휴일을 제외한 평일 반나절이면 충분하다.

Уссурийск

우수리스크
한국 사람이라면 꼭 한 번은 다녀와야 하는 우리 역사의 한 페이지. 고려인 삶의 터전과 옛날 우리 독립운동가들의 흔적을 보며, 지금의 우리까지 돌아보게 되는 '개념 있는' 역사 탐방 코스이다. 당일치기로 돌아오는 코스가 적당하다.

SPECIAL COURSE · +2~3 DAYS · 시베리아 횡단 열차 여행 코스

Хабаровск

하바롭스크
시베리아 횡단 열차 1박, 체험 버전으로 다녀올 수 있는 또 다른 분위기의 도시. 블라디보스톡에서 저녁 열차로 아침에 떨어지면 일찍부터 아무르강과 광장, 인근의 명소를 충분히 둘러볼 수 있다. 여유로움 속에서 강변과 가로수길 따라 산책하기 좋다.

EASY RUSSIAN

> 영어가 잘 통하지 않는 러시아. 까막눈에 말문까지 막히면 답답할 테니
> 간단한 표현들은 알아 두자.

기본 표현

안녕하세요! Здравствуйте! 즈드라스뜨부이쩨
좋은 아침입니다. Доброе утро. 도브러예 우뜨러
좋은 오후입니다. Добрый день. 도브리 젠
좋은 저녁입니다. Добрый вечер. 도브리 베체르
안녕히 계세요. До свидания. 다 스비다냐
안녕히 주무세요. Спокойной ночи. 스빠꼬이노이 노치

죄송합니다. Извините. 이즈비니쩨
괜찮습니다. Ничего. 니치보
감사합니다. Спасибо. 스빠시버
천만에요. Не за что. 녜 자 쉬또
예./아니오. Да./Нет. 다/니엣
좋습니다. Хорошо. 하라쑈

소개하기

당신의 이름은 무엇입니까? Как вас зовут? 깍 바스 자붓
제 이름은 안나입니다. Меня зовут Анна. 미냐 자붓 안나
영어 할 줄 아시나요?
Вы говорите по-английски? 브이 가바리쩨 빠안글리스끼
어디서 오셨어요? Откуда вы? 앗꾸다 브이?
한국에서 왔습니다. Я из Кореи. 야 이스 까레이
매우 반가워요. Очень приятно. 오친 쁘리야뜨너

길거리

실례합니다. Извините, пожалуйста. 이즈비니쩨 빠좔스따
약국 어디 있나요? Где находится аптека? 그제 나호짓짜 압쩨까
여기서 멀어요? Далеко от сюда? 달리꼬 앗 슈다
거기 걸어서 갈 수 있나요?
Туда можно дойти пешком? 뚜다 모쥐너 다이찌 삐쉬꼼
오른쪽/왼쪽으로 가세요. Идите направо/налево. 이지쩨 나쁘라바/날레바
직진하세요. Идите прямо. 이지쩨 쁘랴머

식당

영어 메뉴 있나요? Можно меню на английском? 모쥐너 미뉴 나 안글리스껌
음식 추천해 주세요. Посоветуйте мне что-нибудь. 빠싸베뚜이쩨 므녜 쉬또니부지
이게 주문한 메뉴 전부예요. Это всё. 에떠 프쑈
맛있게 드세요! Приятного аппетита! 쁘리야뜨너버 아삐찌따
계산서 주세요. Счёт, пожалуйста. 숏 빠좔스따
포장해 주세요. С собой, пожалуйста. 싸보이 빠좔스따

가게

이것 보여 주세요. Покажите, пожалуйста, вот это. 빠까쥐쩨 빠좔스따 봇 에떠
이건 얼마입니까? Сколько это стоит? 스꼴까 에떠 스또잇
너무 비싸네요. Очень дорого. 오친 도러거
전 그냥 구경 중이에요. Я просто смотрю. 야 쁘로스떠 스마뜨류
이게 아주 맘에 드네요. Это мне очень нравится. 에떠 므녜 오친 느라빗짜
이걸로 할게요. Я возьму это. 야 바지무 에떠

교통

광장까지 어떻게 가요?
Как доехать до площади?
깍 다예하찌 다 쁠로샤지

가까운 버스 정류장이 어디입니까?
Где ближайшая остановка автобуса?
그제 블리좌이샤야 아스따노프까 압또부싸

이 버스 시내로 가나요?
Этот автобус идёт в центр?
에떳 압또부스 이좃 프 쩬뜨르

저를 이 주소로 데려다주세요.
Отвезите меня по этому адресу, пожалуйста.
앗베지쩨 미냐 빠 에떠무 아드리쑤 빠좔스따

여기서 내려 주세요!
Остановите здесь, пожалуйста!
아스따나비쩨 즈졔씨 빠좔스따

친구끼리 짧은 러시아어

안녕! Привет! 쁘리볫
잘 가! Пока! 빠까
하나, 둘, 셋! Раз, два, три! 라스 드바 뜨리
원 샷! До дна! 다 드나
끝내주네! Круто! 끄루떠
멋지네! Классно! 끌라쓰너
짱! Прикольно! 쁘리꼴너
만세! Ура! 우라

아는 만큼 보이는 주요 단어

1. 식당과 카페

식사 가능한 카페 кафе 까페
레스토랑 ресторан 리스따란
커피 전문점 кофейня 까페이냐
메뉴 меню 미뉴
절반으로 пополам 빠빨람
팁 чаевые 치이비이
계산서 счёт 숏
영수증 чек 첵
커피 кофе 꼬페
차 чай 차이
주스 сок 쏙

3. 숫자

0 ноль 놀
1 один 아진
2 два 드바
3 три 뜨리
4 четыре 치뜨이리
5 пять 뼈야찌
6 шесть 쉐스찌
7 семь 쎔
8 восемь 보씸
9 девять 제비찌
10 десять 제시찌

5. 간판 러시아어

호텔 отель 아뗄
호스텔 хостел 호스뗄
환전소 обмен валюты 아브몐 발류띠
화장실 туалет 뚜알롓
약국 аптека 압쩨까
기차역 вокзал 박잘
박물관 музей 무제이
극장 театр 찌아뜨르
매표소 касса 까싸
꽃가게 цветы 쯔비띠

2. 계절과 요일

봄 весна 비스나
여름 лето 레떠
가을 осень 오씬
겨울 зима 지마
일요일 воскресенье 바스끄리쎄니예
월요일 понедельник 빠니젤닉
화요일 вторник 프또르닉
수요일 среда 스리다
목요일 четверг 치뜨베르크
금요일 пятница 삐야뜨니짜
토요일 суббота 수보따

4. 마트

슈퍼마켓 супермаркет 수뻬르마르켓
식료품점 продукты 쁘라둑띠
시장 рынок 리넉
무료 бесплатно 비스쁠라뜨너
빵 хлеб 흘렙
탄산수 газированная вода 가지로반나야 바다
탄산 없는 물 негазированная вода 니가지로반나야 바다
우유 молоко 말라꼬
거스름돈 сдача 즈다차
잔돈 мелочь 멜러치
봉투 пакет 빠켓

6. 표지판

입구 вход 프홋
출구 выход 브이홋
미시오 от себя 앗 씨뱌
당기시오 на себя 나 씨뱌
영업 중 открыто 앗끄리떠
영업 끝 закрыто 자끄리떠
위험 опасно 아빠스너
멈춤 стоп 스똡
비상구 запасной выход 자빠스노이 브이홋
금연 не курить 니 꾸리찌

★ Main Spot
🔒 Shop
💼 Cafe
🍴 Restaurant
ⓨ Bar
Ⓗ Hotel or Hostel
M Museum
Ⓖ Gallery
♆ Pharmacy
🚌 Bus Stop

MAP

—

Vladivostok

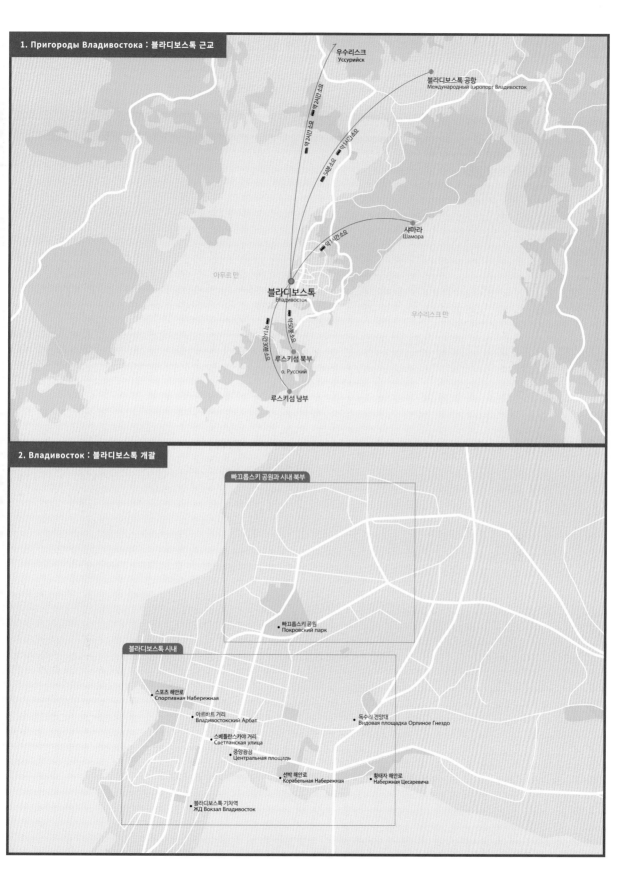

우수리스크
Уссурийск

블라디보스톡 공항
Международный аэропорт Владивосток

약 24시간 소요

약 2시간 소요

5분 소요

약 1시간 소요

샤마라
Шамора

약 1시간 소요

블라디보스톡
Владивосток

아무르 만

우수리스크 만

약 50분 소요

약 1시간 30분 소요

루스키섬 북부
о. Русский

루스키섬 남부

빠끄롭스키 공원과 시내 북부

빠끄롭스키 공원
Покровский парк

블라디보스톡 시내

스포츠 해안로
Спортивная Набережная

아르바트 거리
Владивостокский Арбат

독수리 전망대
Видовая площадка Орлиное Гнездо

스베틀란스카야 거리
Светланская улица

중앙광장
Центральная площадь

선박 해안로
Корабельная Набережная

황태자 해안로
Набержная Цесаревича

블라디보스톡 기차역
ЖД Вокзал Владивосток

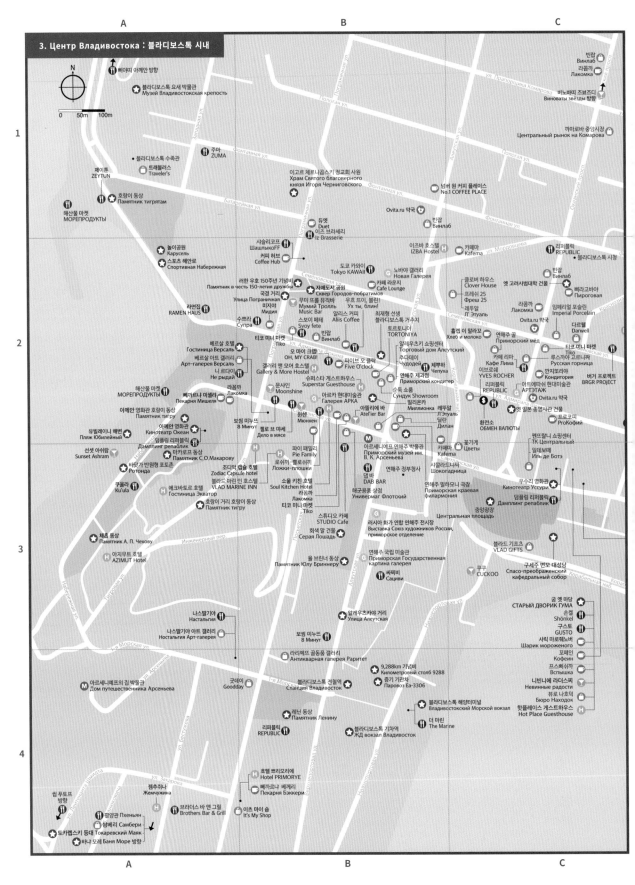

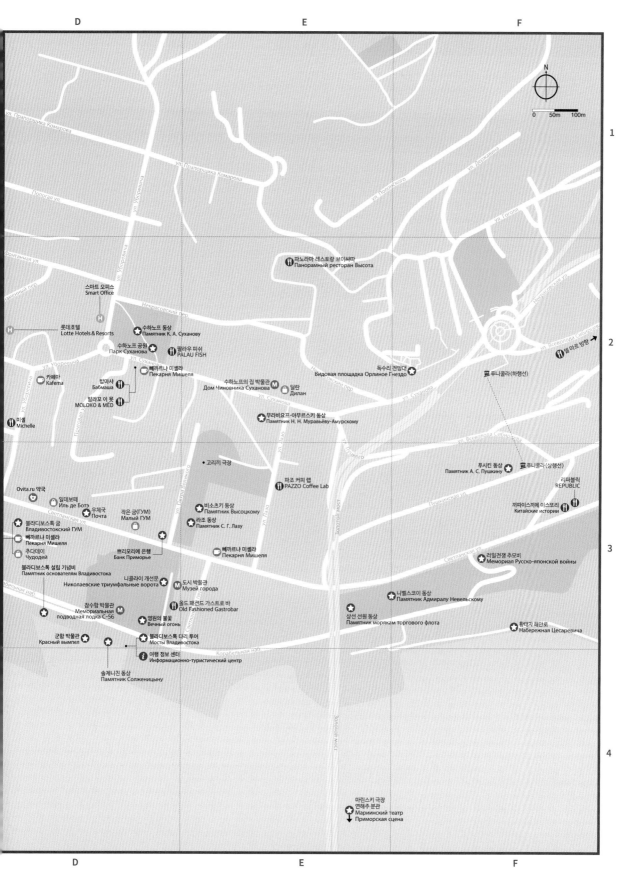

D E F

N

0 50m 100m

1

파노라마 레스토랑 브이씨따
Панорамный ресторан Высота

스마트 오피스
Smart Office

롯데호텔
Lotte Hotels & Resorts

수하노프 동상
Памятник К. А. Суханову

수하노프 공원
Парк Суханова

팔라우 피쉬
PALAU FISH

독수리 전망대
Видовая площадка Орлиное Гнездо

2

뗄 마르 방향
Дель Март방향

푸니쿨라(하행선)

베까르냐 미셸랴
Пекарня Мишеля

카페마
Kafema

밥마샤
Бабмаша

말라꼬 이 묫
MOLOKO & MED

수하노프의 집 박물관
Дом Чиновника Суханова

딜란
Дилан

미셸
Michelle

무라비요프-아무르스키 동상
Памятник Н. Н. Муравьёву-Амурскому

고리끼 극장

푸시킨 동상
Памятник А. С. Пушкину

푸니쿨라(상행선)

리퍼블릭
REPUBLIC

Ovita.ru 약국

일데보떼
Иль де Ботэ

우체국
Почта

작은 굼(굼)
Малый ГУМ

파조 커피 랩
PAZZO Coffee Lab

비소츠키 동상
Памятник Высоцкому

라조 동상
Памятник С. Г. Лазо

끼따이스끼에 이스또리
Китайские истории

블라디보스톡 굼
Владивостокский ГУМ

베까르냐 미셸랴
Пекарня Мишеля

추다데이
Чудодей

베까르냐 미셸랴
Пекарня Мишеля

3

러일전쟁 추모비
Мемориал Русско-японской войны

쁘리모리에 은행
Банк Приморье

블라디보스톡 설립 기념비
Памятник основателям Владивостока

니콜라이 개선문
Николаевские триумфальные ворота

도시 박물관
Музей города

네벨스코이 동상
Памятник Адмиралу Невельскому

잠수함 박물관
Мемориальная
подводная лодка С-56

올드 패션드 가스트로 바
Old Fashioned Gastrobar

영원의 불꽃
Вечный огонь

상선 선원 동상
Памятник морякам торгового флота

황태자 해안로
Набережная Цесаревича

군함 박물관
Красный вымпел

블라디보스톡 다리 투어
Мосты Владивостока

여행 정보 센터
Информационно-туристический центр

솔제니친 동상
Памятник Солженицыну

4

마린스키 극장
연해주 분관
Мариинский театр
Приморская сцена

D E F

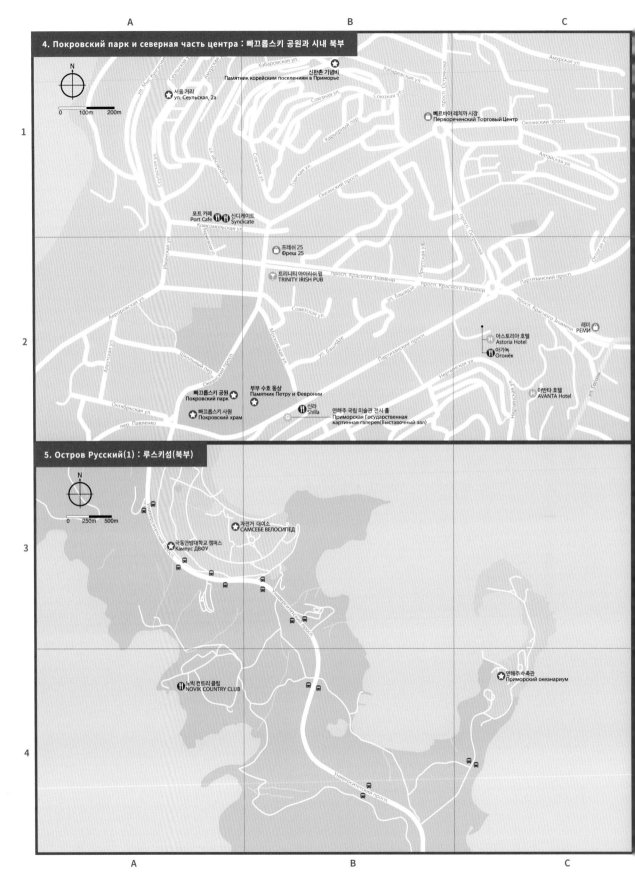

A

서울 거리
ул. Сеульская, 2a

신환촌 기념비
Памятник корейским поселениям в Приморье

빼르바야 레치까 시장
Первореченский Торговый Центр

포트 카페
Port Cafe

신디케이트
Syndicate

프레쉬 25
Фреш 25

트리니티 아이리쉬 펍
TRINITY IRISH PUB

아스토리아 호텔
Astoria Hotel

레미
РЕМИ

아가뇩
Огонёк

빠끄롭스키 공원
Покровский парк

부부 수호 동상
Памятник Петру и Февронии

아반타 호텔
AVANTA Hotel

빠끄롭스키 사원
Покровский храм

신라
Shilla

연해주 국립 미술관 전시 홀
Приморская Государственная
картинная галерея(Выставочный зал)

자전거 대여소
CAMCEБE ВЕЛОСИПЕД

극동연방대학교 캠퍼스
Кампус ДВФУ

노빅 컨트리 클럽
NOVIK COUNTRY CLUB

연해주 수족관
Приморский океанариум

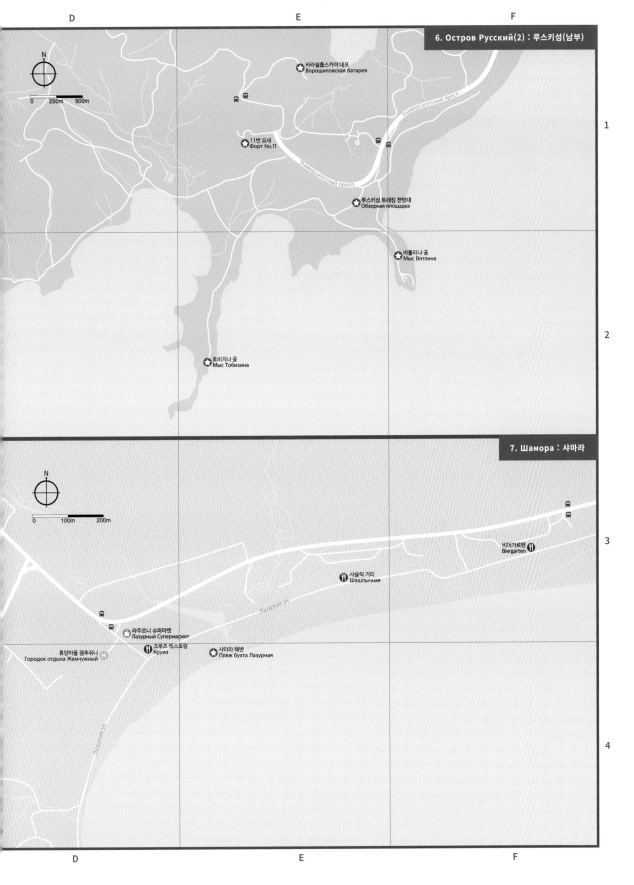

D   E   F

N

0   250m   500m

1

바라쉴롭스카야 대포
Ворошиловская батарея

11번 요새
Форт No.11

루스키섬 트레킹 전망대
Обзорная площадка

2

뱌틀리나 곶
Мыс Вятлина

토비지나 곶
Мыс Тобизина

Университетский просп.

N

0   100m   200m

3

비어가르텐
Biergarten

샤슬릭 거리
Шашлычная

라주르니 슈퍼마켓
Лазурный Супермаркет

Лазурная ул.

휴양마을 젬추쥐니
Городок отдыха Жемчужный

크루즈 레스토랑
Круиз

샤마라 해변
Пляж бухта Лазурная

Лазурная ул.

4

D   E   F

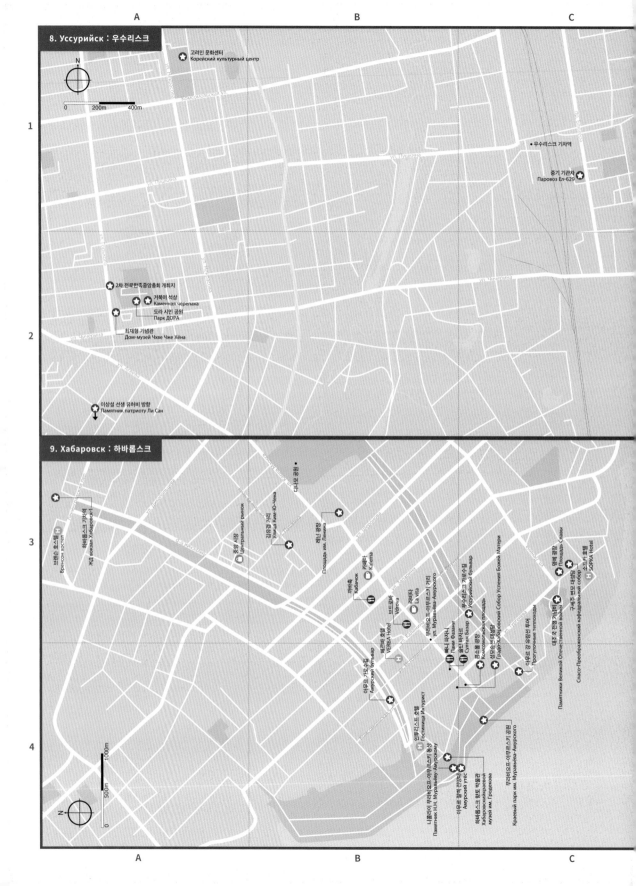

Writer
서진영 Jinyoung Suh

Publisher
송민지 Minji Song

Managing Director
한창수 Changsoo Han

Editors
강제능 Jeneung Kang
오대진 Daejin Oh

Designer
김영광 Youngkwang Kim
파크213 PARC213

Illustrators
김조이 kimjoy
이설이 Sulea Lee

Business Director
서병용 Byungyong Seo

Publishing
도서출판 피그마리온

Brand
easy&books
easy&books는 도서출판 피그마리온의 여행 출판 브랜드입니다.

Tripful

Issue No.15

ISBN 979-11-85831-80-0
ISBN 979-11-85831-30-5(세트)
ISSN 2636-1469
등록번호 제313-2011-71호 등록일자 2009년 1월 9일
개정 1판 1쇄 발행일 2019년 8월 20일

서울시 영등포구 선유로 55길 11, 4층 TEL 02-516-3923
www.easyand.co.kr

Copyright © EASY&BOOKS
EASY&BOOKS와 저자가 이 책에 관한 모든 권리를 소유합니다.
본사의 동의 없이 이 책에 실린 글과 사진, 그림 등을 사용할 수 없습니다.

No.1 FUKUOKA

No.2 CHIANGMAI

No.3 VLADIVOSTOK

No.4 OKINAWA

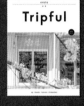

No.5 KYOTO

No.6 PRAHA

No.7 LONDON

No.8 BERLIN

No.9 AMSTERDAM

No.10 ITOSHIMA

No.11 HAWAII

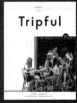

No.12 PARIS

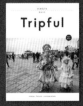

No.13 VENEZIA

No.14 HONG KONG

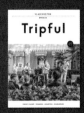

No.15 VLADIVOSTOK

EASY & BOOKS

트래블 콘텐츠 크리에이티브 그룹 이지앤북스는
2001년 창간한 <이지 유럽>을 비롯해, <트립풀> 시리즈 등
북 콘텐츠를 메인으로 다양한 여행 콘텐츠를 선보입니다.
또한, 작가, 일러스트레이터 등과의 협업을 통해 여행 콘텐츠
시장의 선순환 구조를 만드는 데 이바지하고 있습니다.

www.easyand.co.kr
www.instagram.com/easyandbooks
blog.naver.com/pygmalionpub

EASY & LOUNGE

NEUL늘

트래블러스 콘텐츠 라운지 'NEUL늘'은 여행 콘텐츠 생산자와
소비자가 직접 만나 삶에 긍정적인 의미를 부여할 수 있는
여행 문화를 만들어 갑니다. 이지앤의 감각으로 꾸며낸
공간에서는 세계 곳곳의 다양한 삶의 가치를 만날 수 있는
큐레이션 도서들과 함께 일상을 여행의 설렘으로 가득 채워 줄
다양한 이벤트 또한 경험할 수 있습니다. 일상여행자들을 위한
공간 'NEUL늘'은 당신의 삶에 '늘' 새로운 여행의 설렘과 영감이
가득하길 바랍니다.

EASY & SERIES

Since 2001 Travel Guide Book Series

<이지 시리즈>
여행에 대한 막연한 기대는 간절히 바라왔던 설렘으로,
혼란스럽기만 했던 일정과 동선은 머릿속에 간결히.
<이지 시리즈>와 함께 설렘 가득한 여행을 만나보세요.

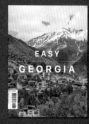

EASY EUROPE
이지유럽

EASY GEORGIA
이지조지아

EASY SPAIN
이지스페인

EASY CUBA
이지쿠바

EASY SOUTH AMERICA
이지남미

EASY SIBERIA
이지시베리아

EASY EASTERN EUROPE
이지동유럽

EASY EUROPE SELECT4
이지동유럽4개국

EASY RUSSIA
이지러시아

EASY CITY BANGKOK
이지시티방콕

EASY CITY DUBAI
이지시티두바이

EASY CITY TOKYO
이지시티도쿄

EASY CITY GUAM
이지시티괌

EASY CITY TAIPEI
이지시티타이페이

EASY CITY DANANG
이지시티다낭